# 呂昇達

# 甜點職人必備的
# 手工餅乾教科書

★ 職人開店等級的配方與手法，不藏私 **完全公開**！

★ 獻給初學者，化繁為簡專業作法，**一學就會**！

★ 僅需家庭廚房烘焙配備即可 **完美製作**！

呂昇達 ◎著

# 推薦序

凡內莎烘焙工作室創辦人　**Vanessa**

非常榮幸受昇達老師邀請，參與本書特別附錄章節製作。

與昇達相識是在義大利廚藝學院的高階甜點大師課程，雖然他已是烘焙界的前輩、明星教師，但對於學習仍抱持著求知若飢、虛心若愚的心態，也難怪每次的烘焙課程及分享，都會有新穎的甜點讓人眼睛為之一亮。 身為職業的甜點工作者，手邊也會備著昇達的烘焙書當成工具書，裡面的配方及步驟，實做起來的成品穩定度高、不易失敗、品項又夠豐富，常常在研發新品時參考一下，靈感就會「登登登」的出現。學習甜點像是無止境的旅行，有挫折、有歡樂、有成就感，昇達老師的熱情，一直激勵著我們前進，推薦將這本書放進我們的甜點旅行背包吧！

- - - - - - - - - - - - - - - - - - - - - - - - - - - - - - - - - - - - - - - - - - - - - - - - -

松楚乳酪　**游景豪**總經理

昇達老師運用天然穀物、堅果、蔬果、果乾搭配天然乳酪等食材，清香淡雅，創作出幸福的餅乾，久而不膩，營養豐富，嘗過後讓你思念牽掛，永遠離不開它，看得出來老師的用心與不藏私，內容淺顯易懂，讓一般人容易上手，能將自己的高超烘焙技術無私的分享給大家，真是我們的一大福氣。

- - - - - - - - - - - - - - - - - - - - - - - - - - - - - - - - - - - - - - - - - - - - - - - - -

萬記行銷　**Abigail** 總監

首先我要說的是，跟呂昇達老師拍書真的很累（ㄅㄠˇ）每一盤出爐的餅乾，老師都會邀請大家試吃，看看書裡教了幾款餅乾，就知道我們吃了多少進肚子（嗝）

在拍攝現場從沒出現過疲態（跟飽態）的，卻只有作者本人，老師的體力、耐力還有創造力，再再令人佩服讚嘆不已！

這一本手作餅乾書，內容好豐富又好實用，呂昇達老師像魔術師一樣，看似平凡樸實的餅乾麵糰，在老師一雙巧手之下幻化成各種造形口味變化的餅乾，讓人忍不住驚呼原來餅乾還能有這樣多種的樣貌。

這本書好適合初學者，因為每一個步驟老師都說明得很詳細；好適合想要創業的人，各種餅乾組合成各式禮盒好吃又體面；更適合跟孩子在家一起手作，享受親子甜蜜小時光。

集呂昇達老師畢生精華的手作餅乾書，推薦給喜歡做餅乾、喜歡吃餅乾、喜歡用餅乾點綴日常生活的你。

# 自序

曾經到大專院校演講時,有學生問我:「老師你是如何保持自己的競爭力?」

我半開玩笑的回答:「出書!!!」(鬨堂大笑)

事實上這並不是玩笑話,當我們學習到一定程度之後,必須跳脫舒適圈,追求讓自己成長的動力,並且重新去認識讀者和市場。

這也是為什麼睽違三年之後,我的第二本手作餅乾書籍才問世;因為隨著時光的推移,消費末端市場的逐漸成熟,許多家庭對於吃的要求越來越高,特別是食品安全和美味兼具。這些年來,我前往日本、義大利、法國、厄瓜多等不同國家進修與研習,把世界頂尖與歐美日同步的餅乾風味和手法,從艱深的理論文字,修正成能夠輕鬆解讀的食譜書,老師一個又一個的夜晚工作累積出來的成果,分享給各位讀者的同時,也是記錄下自己工作的每一刻時光,更想著將來孩子除了味蕾中的記憶之外,還能從實體書籍感受到爸爸編寫一本餅乾食譜書的用心。

拍攝過程感謝松楚乳酪以及 KitchenAid 特力集團的大力協助,還有布克文化、小助手呂昫餉、李宜玹、許家綺、陳品妤、陳炳圻、陳聖雯等人的共同努力,這一本書才得以成功問世!

小寶的願望 ♥

## 目錄

002　推薦序

004　自序

010　餅乾的食材介紹：基礎／風味

014　呂老師 Note：開始製作餅乾之前

### Part 1
# 傳統法式餅乾

018　燕麥亞麻籽葡萄乾曲奇

020　大地穀物蔓越莓曲奇

022　厄瓜多巧克力餅乾

023　厄瓜多巧克力可可碎豆餅乾

024　厄瓜多巧克力海鹽餅乾

025　法芙娜堅果巧克力餅乾

026　原味雪球餅乾

028　南瓜小雪球

028　紫芋小雪球

028　抹茶小雪球

## Part 2
### 娜娜冰箱小西餅

032　原味鑽石餅乾
034　芝麻餅乾（方塊酥）
036　椰香南瓜籽餅乾
038　亞麻籽餅乾
040　黑胡椒起司餅乾
042　杏仁餅乾
043　和三盆糖杏仁餅乾
044　切達起司餅乾
046　抹茶餅乾
048　和三盆糖抹茶餅乾
049　修格抹茶餅乾
050　可可餅乾
051　巧克力豆餅乾
052　咖啡杏仁角餅乾
053　巧克力咖啡餅乾
054　椰絲咖啡餅乾
055　巧克力椰絲咖啡餅乾

## Part 3
### 鐵盒曲奇

058　經典奶油曲奇
059　苦甜巧克力奶油曲奇
060　榛果巧克力奶油曲奇
061　柳橙奶油夾心曲奇
062　奶油可可曲奇
063　苦甜巧克力可可曲奇
064　巧克力碎豆曲奇花生夾心
065　海鹽可可曲奇
066　奶油抹茶曲奇
068　白巧克力抹茶曲奇
069　杏仁果抹茶曲奇
070　奶油咖啡曲奇
073　咖啡胡桃曲奇
073　咖啡杏仁片曲奇
073　咖啡南瓜籽曲奇

## Part 4
### 造形壓模餅乾

076　原味奶油餅乾
077　柳橙奶油夾餡餅乾
078　可可奶油餅乾
079　花生奶油夾餡餅乾

## Part 5
## 美式鄉村餅乾

082　原味美式鄉村餅乾

083　美式珍珠糖鄉村餅乾

084　美式經典巧克力餅乾

085　美式椰絲巧克力餅乾

086　美式胡桃餅乾

087　美式素焚糖胡桃餅乾

088　美式杏仁燕麥餅乾

089　美式玉米片燕麥餅乾

090　美式摩卡棉花糖餅乾

092　美式玉米脆片餅乾

094　美式椰香可可餅乾

095　美式厄瓜多巧克力椰香餅乾

096　美式鹽味杏仁鄉村餅乾

098　美式綜合堅果餅乾

100　美式花生核桃餅乾

102　美式珍珠糖芝麻餅乾

103　美式花生奶油夾心芝麻餅乾

104　美式南瓜籽芝麻餅乾

105　美式柳橙奶油夾心芝麻餅乾

Part 6

## 熟成瓦片&比利時鬆餅

108　熟成杏仁瓦片

110　熟成南瓜籽瓦片

112　珍珠糖比利時鬆餅

114　丸久小山園抹茶比利時鬆餅

115　法芙娜比利時鬆餅


Part 7

## 羅榭 Rocher 岩石巧克力

118　南瓜籽米香羅榭

120　葡萄乾米香羅榭

122　杏仁米香羅榭

124　咖啡米香羅榭


Part 8

## 巧克力薄脆餅

128　蔓越莓白巧克力薄脆餅

130　堅果牛奶巧克力薄脆餅

132　棉花糖苦甜巧克力薄脆餅

134　榛果巧克力薄脆餅


Part 9

## 蛋塔與鹹派

138　港式傳統蛋塔

140　日式抹茶拿鐵蛋塔

142　法式香草布蕾蛋塔

144　葡式蛋塔

146　抹茶巧克力蛋塔

147　卡布奇諾咖啡蛋塔

148　特濃乳酪蛋塔

150　艾登乳酪鮪魚鹹派

152　乳酪脆腸鹹派

154　高達乳酪玉米鹹派

156　綜合乳酪鹹派


## 特別附錄

160　糖霜餅乾／Vanessa's bakery

# 基礎食材

**奶油**、**麵粉**、**雞蛋**、**糖**，這四大食材是製作餅乾的基礎骨架。本書的配方，強調餅乾原味，希望讓大家親手做出的餅乾，可以吃出奶油、糖、蛋、麵粉最真實的好滋味。蛋的不同，包括使用了全蛋或蛋白、蛋黃，會造成風味不同以及軟硬度的差別；麵粉的不同會造成口感上的差異；奶油跟糖，則最會影響到餅乾的風味。

**1** 奶油 **2** 麵粉 **3** 雞蛋 **4** 糖。

## 重點講解：奶油

奶油本質都是相同的，不同的奶油，差別只在於風味不同，均可互相替用。通常歐洲的奶油是發酵奶油，美澳紐西蘭則是未發酵奶油為主。一般奶油分成草飼鮮奶與穀物飼鮮奶製作，差別在於餵食牛的飼料，來自草或穀物，草飼做出的奶油風味會較輕爽，穀物飼做的奶油風味會較濃郁，但這沒有絕對的優劣之分，重點還是取決於製作過程。

**1** 丹麥 Arla 發酵奶油。　**2** 澳洲金桶奶油。
**3** 法國藍斯可發酵奶油。

---

## 重點講解：糖

糖的選擇性十分多元，可展現的風味也很多變化，糖的不同造成風味細緻度不同，以及酥脆度的差異。

**1** 素焚糖：日本奄美諸島產的甘蔗為原料，富含豐富的礦物質。　**2** 三溫糖：日本的上白糖再經過處理，味道更濃厚。
**3** 珍珠糖：從甜菜提煉，烘烤不會融化可保留脆度。　**4** 純糖粉：100% 砂糖打成粉，會有結粒現象，所以需過篩。　**5** 和三盆糖：日本最高級的糖。　**6** 海藻糖：大豆植物提煉，甜度較低。　**7** 砂糖與二砂：屬單純的分蜜糖。

## 巧克力

書中示範使用法芙娜及可可聯盟的調溫巧克力，含天然的可可脂，可使餅乾風味很好，但如果同學們手邊沒有，一般巧克力也可替用。

**1** 苦甜巧克力：厄瓜多 65%。**2** 榛果巧克力：阿澤麗雅 35%。**3** 巧克力碎豆：可可豆烘烤後去殼直接碾碎而成，烘烤後不會融化。**4** 牛奶巧克力：吉瓦那牛奶 40%。**5** 苦甜巧克力：加勒比 66%。**6** 白巧克力：歐帕麗絲 33%。

## 乳酪

除了口味上有濃淡的各種選擇，形態也會有所不同，有豐富的營養，可增添風味變化，也增加餅乾與點心的不同香氣。

**1** HAPPY COW 乳酪 **2** 法國 Kiri 乳酪 **3** 丹麥 Arla BUKO 乳酪：Cream Cheese **4** 雙色乳酪丁：高融點乳酪 **5** 煙燻乳酪：產自荷蘭 **6** 艾登粒：產自荷蘭 **7** 帕馬森粉：產自義大利 **8** 高達絲：產自荷蘭 **9** 帕馬森絲：產自義大利 **10** 艾登絲：產自荷蘭 **11** 水牛乳酪：產自義大利的馬芝瑞拉乳酪。

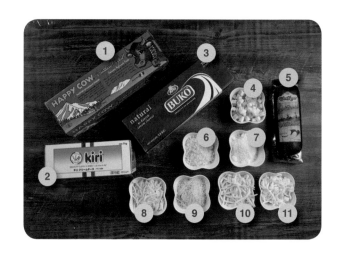

## 餡料、風味粉

**1** 榛果醬 **2** 芝麻醬 **3** 花生醬：烤熟後的堅果用食物調理機打成泥，也可購買市售無糖醬使用。 **4** 抹茶粉：書中示範使用丸久小山園抹茶粉。 **5** 咖啡粉：一般即溶咖啡粉，需先敲得更碎後再使用。 **6** 可可粉

## 配料、果乾

**1** 玉米片 **2** 脆米香 **3** 原味餅乾粉
**4** 蔓越莓乾 **5** 高溫巧克力豆 **6** 巧克力餅乾粉
**7** 葡萄乾

## 穀物堅果

**1** 亞麻籽 **2** 燕麥片 **3** 杏仁片 **4** 胡桃
**5** 椰子粉 **6** 黑芝麻 **7** 白芝麻 **8** 杏仁果
**9** 核桃 **10** 椰子絲 **11** 花生 **12** 夏威夷豆
**13** 南瓜籽 **14** 杏仁條

# 開始製作餅乾之前

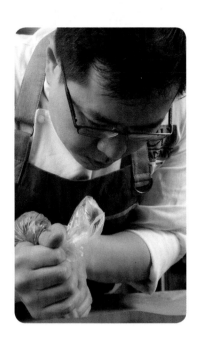

**1** 書中標示「**最佳賞味期限**」，是享用手工餅乾最佳風味的限期，提醒大家，餅乾並不是放越久越好喔。

**2** 書中手工餅乾無任何添加物，**保存期限**是最佳賞味期再加 2～3 天。

**3** 所有粉類在使用前均需先**過篩**，包括糖粉。

**4** **雞蛋**不管是全蛋或蛋白或蛋黃，在使用前均需先打散成蛋花後，再秤量出所需用量。

**5** **奶油軟化**，是將奶油放在室溫慢慢退冰到至少 16～20℃後再來使用操作，記得退冰不可到 25℃以上，否則奶油會融化。

**6** **示範配方**使用德國原裝進口白美娜濃縮牛乳，是為了讓餅乾風味濃郁，同學們可自行用一般鮮奶替代，只是香味會淡一點。

**7** 不同品牌**烤箱**的使用狀況會有細微差別，因此烤箱時間是一個參考值，大家在家烘烤時，請依出爐後狀況，慢慢順出自家烤箱合用的烘烤時間。

**8** 餅乾**出爐**後都盡量等冷卻再個別移動，以免形狀塌散。

## 融化巧克力的要訣

### 隔水加熱融化巧克力 ▶

**1** 大鍋中先加入少許水。

**2** 巧克力放在完全擦乾無水分的盆中，置於水中。

**3** 小火加熱，以長刮刀攪拌，過程中水溫不要超過 50 度，不然巧克力容易變質。

**4** 攪拌時注意加熱的水不要噴進巧克力醬中，否則巧克力會結粒，不能做為蛋糕甜點的食材使用。

**微波爐融化巧克力 ▶**

設定 10~15 秒就取出攪拌，重複至全部融化為止。

反覆攪拌是要了保持巧克力中心溫度不超過 45℃，以免巧克力容易變質。

## 烘烤堅果的處理

**烤熟堅果 ▶**

1. 杏仁條：120℃，烘烤 20 ～ 25 分鐘。烤到表面金黃色不出油，有脆度。

2. 杏仁果：100 ～ 110℃，烘烤 40 ～ 60 分鐘。烤到整顆切開也酥脆的狀態。

3. 核桃、胡桃：120℃，烘烤 15 ～ 20 分鐘。高油脂堅果重點在於要烤到釋放香氣，而不是烤脆。烘烤完成表面呈現油光。

4. 南瓜籽：120℃，直接觀察烤箱內狀況，約 10 ～ 15 分鐘，烘烤到膨脹起來即可出爐。

5. 椰子粉：100℃，烘烤 12 ～ 15 分鐘。

**鹽味堅果 ▶**

堅果 100g 加入蛋白 5g 裹勻，再加入 1 ～ 2g 鹽巴拌勻，放在烤盤上攤開、攤平，放入預熱好的烤箱，依前述各類堅果烤溫及烘烤時間進行。

# 傳統法式餅乾

豐富多元的配料組合
層次鮮明的餅乾口感！

法式餅乾的特色，就是通常食材都超級多，搭配多種堅果或巧克力，讓餅乾吃起來會很有層次感。使用的食材雖然很多，但只需耐心攪拌均勻就可完成麵糰，是簡單步驟就能成功的獨特美味。配方中的二砂糖即為 Brown Sugar；白美娜（濃縮牛乳）也可用一般鮮奶等量代替，但口味就會比較清爽。

**主要器具** ▶ 鋼盆、手持攪拌器、長刮刀。

# 燕麥亞麻籽葡萄乾曲奇

分量 **30** 個
最佳賞味期 **5** 天

## 食材

| | | | |
|---|---|---|---|
| 無鹽奶油 | 100g | 低筋麵粉 | 160g |
| 砂糖 | 100g | 泡打粉 | 3g |
| 二砂糖 | 100g | 燕麥片 | 90g |
| 雞蛋 | 50g | 亞麻籽 | 30g |
| 白美娜濃縮鮮奶 | 15g | 葡萄乾（切碎） | 100g |

## 步驟

1 軟化的奶油、砂糖、二砂糖，以手持攪拌器攪拌均勻。
2 加入雞蛋，繼續攪拌至乳化看不到蛋液。
3 加入白美娜攪拌至完全融合。
4 完成的麵糰是略有流性的柔軟麵糰。
5 加入過篩麵粉、泡打粉，用長刮刀拌勻。
6 加入燕麥片、亞麻籽、切碎的葡萄乾，拌勻。
7 分成 1 個 25g 的麵糰。滾圓後放在烤盤輕輕攤開壓平。
8 放入預熱好的烤箱，170℃ ‧ 25 分鐘。

呂老師
Note

葡萄乾要記得先切碎再加入，因為果乾在烘烤過程中會膨脹，若放入的是完整一顆，會讓餅乾裂開來。

# 大地穀物蔓越莓曲奇

分量 **30** 個

最佳賞味期 **5** 天

## 食材

| | | | |
|---|---|---|---|
| 無鹽奶油 | 100g | 泡打粉 | 3g |
| 砂糖 | 100g | 生白芝麻 | 40g |
| 二砂糖 | 100g | 生黑芝麻 | 50g |
| 雞蛋 | 50g | 生南瓜籽（切碎） | 50g |
| 白美娜濃縮鮮奶 | 15g | 蔓越莓乾（切碎） | 100g |
| 低筋麵粉 | 160g | | |

## 步驟

**1** 軟化的奶油、砂糖、二砂糖，以手持攪拌器攪拌均勻。

**2** 加入雞蛋，繼續攪拌至乳化看不到蛋液。

**3** 加入白美娜攪拌至完全融合。

**4** 完成的麵糰是略有流性的柔軟麵糰。

**5** 加入過篩麵粉、泡打粉，用長刮刀拌勻。

**6** 加入白芝麻、黑芝麻、切碎的南瓜籽、切碎的蔓越莓乾，拌勻。

**7** 分成 1 個 25g 的麵糰。滾圓後放在烤盤上輕輕攤開壓平。

**8** 放入預熱好的烤箱，170℃ ‧ 25 分鐘。

### 呂老師 Note

法式餅乾的麵糰，比本書其他餅乾的麵糰來得軟，帶有流性。

# 厄瓜多巧克力餅乾

分量 **35** 個
最佳賞味期 **5** 天

---

**食材**

| | |
|---|---|
| 苦甜巧克力 | 180g |
| 無鹽奶油 | 60g |
| 細砂糖 | 30g |
| 雞蛋 | 35g |
| 苦甜巧克力（敲碎） | 100g |
| 可可碎豆 | 20g |
| 低筋麵粉 | 100g |
| 可可粉 | 10g |
| 泡打粉 | 3g |

**步驟**

1 將苦甜巧克力融化，溫度保持在約 40℃。
2 融化的巧克力、軟化的奶油，以長刮刀拌勻。
3 加入細砂糖、雞蛋，以長刮刀拌勻。
4 加入敲碎的苦甜巧克力、可可碎豆，以長刮刀拌勻。
5 加入過篩麵粉、可可粉、泡打粉，用長刮刀攪拌均勻。
6 麵糰壓平後冷藏 30 分鐘，取出重新捏揉聚合。
7 分成 1 個 15g 的麵糰。搓圓後放在烤盤上輕壓一下。
8 烤盤上每個麵糰的間距要預留大一點。
9 放入預熱好的烤箱，170℃ ‧18 ～ 20 分鐘。

## 厄瓜多巧克力可可碎豆餅乾

以厄瓜多巧克力餅乾的配方食材，完成步驟 1 ～ 8 後，麵糰表面灑上少許可可碎豆增加巧克力的風味。放入預熱好的烤箱，170℃ ‧18 ～ 20 分鐘。

# 厄瓜多巧克力海鹽餅乾

分量 **35** 個
最佳賞味期 **5** 天

### 食材

| | | | |
|---|---|---|---|
| 苦甜巧克力 | 180g | 可可碎豆 | 20g |
| 無鹽奶油 | 60g | 低筋麵粉 | 100g |
| 細砂糖 | 30g | 可可粉 | 10g |
| 雞蛋 | 35g | 泡打粉 | 3g |
| 苦甜巧克力（敲碎） | 100g | | |

### 步驟

1 將苦甜巧克力融化，溫度保持在約 40℃。

2 融化的巧克力、軟化的奶油，以長刮刀拌勻。

3 加入細砂糖、雞蛋，以長刮刀拌勻。

4 加入敲碎的巧克力、可可碎豆，以長刮刀拌勻。

5 加入過篩麵粉、可可粉、泡打粉，用長刮刀攪拌均勻。

6 麵糰壓平後冷藏 30 分鐘，取出重新捏揉聚合。

7 分成 1 個 15g 的麵糰。搓圓後放在烤盤上輕壓一下。

8 烤盤上每個麵糰的間距要預留大一點。

9 麵糰表面灑上少許海鹽提味。

10 放入預熱好的烤箱，170℃ ·18 ～ 20 分鐘。

**示範製作使用**
示範使用的苦甜巧克力是可可聯盟 56％厄瓜多，單一限定產區豆種，風味獨特。

# 法芙娜堅果巧克力餅乾

分量 **36** 個

最佳賞味期 **5** 天

## 食材

| | | | |
|---|---|---|---|
| 苦甜巧克力 | 180g | 可可粉 | 10g |
| 無鹽奶油 | 60g | 生夏威夷豆 | 50g |
| 細砂糖 | 30g | 生核桃 | 50g |
| 雞蛋 | 35g | 生杏仁角 | 30g |
| 低筋麵粉 | 100g | 細砂糖 | 適量 |
| 泡打粉 | 3g | | |

## 步驟

**1** 將苦甜巧克力融化，溫度保持在約 40℃。

**2** 融化的巧克力、軟化的奶油，以長刮刀拌勻。

**3** 加入細砂糖、雞蛋，以長刮刀拌勻。

**4** 加入過篩麵粉、泡打粉、可可粉、夏威夷豆、核桃、杏仁角。

**5** 用長刮刀攪拌均勻。

**6** 麵糰壓平後冷藏 30 分鐘，取出重新捏揉聚合。

**7** 分成 1 個 15g 的麵糰。搓圓後，表面滾裹上細砂糖。

**8** 放在烤盤上，間距預留一個麵糰大。

**9** 放入預熱好的烤箱，170℃·18 ～ 20 分鐘。

### 示範製作使用

示範使用的苦甜巧克力是法芙娜頂級產地巧克力 66% 加勒比，來自加勒比海島嶼所種植的 Trinitario 可可種，香氣濃郁。

# 原味雪球餅乾

分量 **30** 個
最佳賞味期 **7** 天

## 食材

| | |
|---|---|
| 無鹽奶油 | 100g |
| 低筋麵粉 | 100g |
| 純糖粉 | 40g |
| 杏仁粉 | 90g |
| 純糖粉 | 適量 |

## 步驟

1 奶油在室溫軟化後,加入過篩的麵粉、純糖粉、杏仁粉。

2 以手持攪拌器攪拌均勻至呈砂粒狀。

3 使用長刮刀拌壓,讓麵糰融合均勻。

4 分成 5g 的麵糰,滾圓。

5 表面灑滿糖粉。

6 放入預熱好的烤箱,160℃ ‧15 分鐘。

7 出爐後,趁熱在表面灑滿純糖粉。

呂老師
Note

這個配方是正統的雪球餅乾配方,膨脹力靠大量杏仁粉而非泡打粉,因此為了避免水氣,會需要在入烤箱前在餅乾表面先加灑糖粉,才烤得出蓬鬆感。出爐也一定要再灑一次糖粉,將風味封在裡面。

# 南瓜小雪球

依 P.27 完成雪球餅乾步驟 1 ～ 6，混合 50g 防潮糖粉及
20g 南瓜粉，等餅乾出爐時，儘快灑滿餅乾表面。

# 紫芋小雪球

依 P.27 完成雪球餅乾步驟 1 ～ 6，混合 50g 防潮糖粉及
20g 紫芋粉，等餅乾出爐時，儘快灑滿餅乾表面。

# 抹茶小雪球

依 P.27 完成雪球餅乾步驟 1 ～ 6，混合 50g 防潮糖粉及
5g 抹茶粉，等餅乾出爐時，儘快灑滿餅乾表面。

# 娜娜冰箱小西餅

最受家庭喜愛的冰箱小西餅完全攻略
5 種基本素材，變化無限可能的造形餅乾

這是沒有蛋的餅乾配方系列，奶素可食用。將奶油、糖、杏仁粉、低筋麵粉、鮮奶，5 個食材攪拌均勻，放進冰箱冷藏，輕鬆完成冰箱小西餅的基底麵糰，再搭配穀類雜糧、果乾、乳酪、咖啡、巧克力等食材，就能迅速變化出各式各樣美味餅乾！餅乾麵糰如果是捲成長條狀放冰箱，請使用白報紙或烘焙紙，示範時用透明塑膠袋包只是為了清楚示意。白美娜可用一般鮮奶替代，但風味會較為清淡些。

**主要器具** ▶ 鋼盆、手持攪拌器、長刮刀。

# 原味鑽石餅乾

分量 **18** 個

最佳賞味期 **7** 天

| 食材 | |
|---|---|
| 無鹽奶油 | 50g |
| 純糖粉 | 40g |
| 白美娜濃縮鮮奶 | 10g |
| 低筋麵粉 | 80g |
| 杏仁粉 | 20g |
| 砂糖 | 適量 |

### 步驟

1 奶油在室溫軟化後，加入純糖粉，以手持攪拌器混合均勻。

2 加入白美娜，攪拌均勻至細緻光滑即可，不要打發過度。

3 加入過篩麵粉、杏仁粉，以長刮刀拌勻。

4 將麵糰用塑膠袋包好壓平至約 1.5 公分厚。

5 冰箱冷藏 30 分鐘後取出，將麵糰重新聚合揉捏。

6 滾圓成長度 20 公分的長圓柱。

7 將圓柱麵糰在砂糖上滾一圈沾裹表面。

8 用白報紙或烘焙紙捲好後冷藏 2 小時。

9 取出後修掉頭尾，切成 1 公分切片。

10 放入預熱好的烤箱，170℃ ‧ 20 ～ 25 分鐘。

呂老師
Note

切片時如果發現麵糰中間有裂開，代表聚合揉捏滾圓的步驟，沒有好好壓實把空氣去掉。

# 芝麻餅乾（方塊酥）

分量 **20** 個
最佳賞味期 **7** 天

## 食材

| | |
|---|---|
| 無鹽奶油 | 50g |
| 純糖粉 | 40g |
| 白美娜濃縮鮮奶 | 10g |
| 低筋麵粉 | 80g |
| 杏仁粉 | 20g |
| 生白芝麻 | 15g |
| 生黑芝麻 | 15g |

## 步驟

**1** 奶油在室溫軟化後，加入純糖粉，以手持攪拌器混合均勻。

**2** 加入白美娜，攪拌均勻至細緻光滑即可，不要打發過度。

**3** 加入過篩麵粉、杏仁粉，以長刮刀拌勻。

**4** 加入白芝麻、黑芝麻，以長刮刀拌勻。

**5** 麵糰放在塑膠袋上壓平，包合塑膠袋。

**6** 將麵糰壓平至約 1 公分厚，邊長 15 公分的正方形。

**7** 冰箱冷藏 2 小時。

**8** 取出修平 4 邊後，切成約 3 公分方塊。

**9** 放入預熱好的烤箱，170℃‧18 ～ 20 分鐘。

呂老師
Note

芝麻記得要使用生的不要使用熟的。

# 椰香南瓜籽餅乾

分量 **15** 個

最佳賞味期 **7** 天

## 食材

| | |
|---|---|
| 無鹽奶油 | 50g |
| 純糖粉 | 40g |
| 白美娜濃縮鮮奶 | 10g |
| 低筋麵粉 | 80g |
| 杏仁粉 | 20g |
| 椰子絲 | 15g |
| 南瓜籽 | 15g |

## 步驟

1 奶油在室溫軟化後，加入純糖粉，以手持攪拌器混合均勻。

2 加入白美娜，攪拌均勻至細緻光滑即可，不要打發過度。

3 加入過篩麵粉、杏仁粉，以長刮刀拌勻。

4 加入椰子絲、南瓜籽，以長刮刀拌勻。

5 將麵糰滾圓成直徑 3.5 公分的圓柱。

6 用白報紙或烘焙紙捲好後冷藏 2 小時。

7 取出後修掉頭尾，切成 0.8 公分切片。

8 放入預熱好的烤箱，170℃ ‧20 ～ 25 分鐘。

### 呂老師 Note

麵糰捲成條狀放冰箱，請使用白報紙或烘焙紙，示範時用透明塑膠袋包只是為了清楚示意。

# 亞麻籽餅乾

分量 **14** 個

最佳賞味期 **7** 天

## 食材

| | |
|---|---|
| 無鹽奶油 | 50g |
| 純糖粉 | 40g |
| 白美娜濃縮鮮奶 | 10g |
| 低筋麵粉 | 80g |
| 杏仁粉 | 20g |
| 亞麻籽 | 20g |

## 步驟

1 奶油在室溫軟化後，加入純糖粉，以手持攪拌器混合均勻。

2 加入白美娜，攪拌均勻至細緻光滑即可，不要打發過度。

3 加入過篩麵粉、杏仁粉，以長刮刀拌勻。

4 加入亞麻籽，以長刮刀拌勻。

5 將麵糰用塑膠袋包好壓平至約 1.5 公分厚。

6 將麵糰整理成邊長約 13 公分的正方形。

7 冰箱冷藏 2 小時。

8 取出後修平 4 邊，切成約 2×6 公分方塊。

9 放入預熱好的烤箱，170℃ ・18 ～ 20 分鐘。

**呂老師**
Note

修邊切掉的麵糰可以重新揉捏滾圓，另做成小餅乾烘烤。

# 黑胡椒起司餅乾

分量 **16** 個
最佳賞味期 **7** 天

## 食材

| | |
|---|---|
| 無鹽奶油 | 50g |
| 純糖粉 | 40g |
| 白美娜濃縮鮮奶 | 10g |
| 低筋麵粉 | 80g |
| 杏仁粉 | 20g |
| 帕瑪森起士粉 | 40g |
| 黑胡椒 | 3g |
| 帕瑪森起士粉 | 適量 |

## 步驟

1 奶油在室溫軟化後，加入純糖粉，以手持攪拌器混合均勻。

2 加入白美娜，攪拌均勻至細緻光滑即可，不要打發過度。

3 加入過篩麵粉、杏仁粉，以長刮刀拌勻。

4 加入黑胡椒、起士粉，以長刮刀拌勻。

5 將麵糰滾圓成直徑 4 公分的圓柱。

6 用白報紙或烘焙紙捲好後冷藏 2 小時。

7 取出後修掉頭尾，切成 0.8 公分切片。

8 表面灑上適量帕瑪森起士粉。

9 放入預熱好的烤箱，170℃ ・20 ～ 25 分鐘。

### 呂老師 Note

黑胡椒請選用粉末狀而非顆粒，這樣才能跟餅乾麵糰融合，顆粒黑胡椒會味道太突出。

# 杏仁餅乾

分量 **25** 個
最佳賞味期 **7** 天

## 食材

| | |
|---|---|
| 無鹽奶油 | 50g |
| 純糖粉 | 40g |
| 白美娜濃縮鮮奶 | 10g |
| 低筋麵粉 | 80g |
| 杏仁粉 | 20g |
| 生杏仁片 | 40g |
| 二砂糖 | 適量 |

## 步驟

1 奶油在室溫軟化後，加入純糖粉，以手持攪拌器混合均勻。

2 加入白美娜，攪拌均勻至細緻光滑即可，不要打發過度。

3 加入過篩麵粉、杏仁粉，以長刮刀拌勻。

4 加入杏仁片，以長刮刀拌勻。

5 將麵糰滾圓成直徑 3 公分的圓柱。

6 用白報紙或烘焙紙捲好後冷藏 2 小時。

7 取出後修掉頭尾，切成 1 公分切片。

8 單面沾二砂糖後，面朝上擺在烤盤。

9 放入預熱好的烤箱，170℃ ‧20 ～ 25 分鐘。

## 🚩 和三盆糖杏仁餅乾

配方食材與步驟同杏仁餅乾，但是入烤箱前單面沾的糖，以和三盆糖取代二砂糖。只要改變使用的糖，風味就會因此有所變化喔。

# 切達起司餅乾

分量 **12** 個
最佳賞味期 **7** 天

## 食材

| | |
|---|---|
| 無鹽奶油 | 50g |
| 純糖粉 | 40g |
| 白美娜濃縮鮮奶 | 10g |
| 低筋麵粉 | 80g |
| 杏仁粉 | 20g |
| 七味粉 | 3g |
| 切達起司 | 40g |

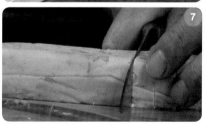

## 步驟

1 奶油在室溫軟化後，加入純糖粉，以手持攪拌器混合均勻。

2 加入白美娜，攪拌均勻至細緻光滑即可，不要打發過度。

3 加入過篩麵粉、杏仁粉，以長刮刀拌勻。

4 加入七味粉、切達起司，以長刮刀拌勻。

5 將麵糰捏成直徑 3 公分方型長柱體。

6 用白報紙或烘焙紙捲好後冷藏 2 小時。

7 取出後修掉頭尾，切成 1 公分切片。

8 放入預熱好的烤箱，170℃ · 20 ～ 25 分鐘。

**呂老師**
Note

配方使用白美娜濃縮鮮奶，是為了讓餅乾風味濃郁，同學們也可自行用一般鮮奶替代，只是香味會淡一點。

# 抹茶餅乾

分量 **20** 個
最佳賞味期 **7** 天

---

### 食材

| | |
|---|---|
| 無鹽奶油 | 50g |
| 純糖粉 | 40g |
| 白美娜濃縮鮮奶 | 10g |
| 低筋麵粉 | 80g |
| 杏仁粉 | 20g |
| 抹茶粉 | 5g |

### 步驟

**1** 奶油在室溫軟化後，加入純糖粉，以手持攪拌器混合均勻。

**2** 加入白美娜，攪拌均勻至細緻光滑即可，不要打發過度。

**3** 加入過篩麵粉、杏仁粉，以長刮刀拌勻。

**4** 加入抹茶粉，以長刮刀拌勻。

**5** 將麵糰用塑膠袋包好壓平後，冷藏 30 分鐘。

**6** 取出後分割成 10g 麵糰，分別滾圓。

**7** 將麵糰放在指間用力握拳，做出造形。

**8** 放入預熱好的烤箱，170℃・20 分鐘。

# 🏳 和三盆糖抹茶餅乾

分量 **20** 個
最佳賞味期 **7** 天

## 食材

| | | | |
|---|---|---|---|
| 無鹽奶油 | 50g | 杏仁粉 | 20g |
| 純糖粉 | 40g | 抹茶粉 | 5g |
| 白美娜濃縮鮮奶 | 10g | 和三盆糖 | 適量 |
| 低筋麵粉 | 80g | | |

## 步驟

1. 奶油在室溫軟化後，加入純糖粉，以手持攪拌器混和均勻。
2. 加入白美娜，攪拌均勻至細緻光滑即可，不要打發過度。
3. 加入過篩麵粉、杏仁粉，以長刮刀拌勻。
4. 加入抹茶粉，以長刮刀拌勻。
5. 將麵糰用塑膠袋包好壓平後，冷藏 30 分鐘。
6. 取出後分割成 10g 麵糰，分別滾圓。
7. 在砂糖裡滾一圈裹滿砂糖。
8. 利用小指的指節將麵糰下壓出凹洞，灑放和三盆糖。
9. 放入預熱好的烤箱，170℃ ・20 分鐘。

呂老師
Note

運用手指改變麵糰造形，讓你的手工餅乾更具個人風格。

# 修格抹茶餅乾

分量 **20** 個

最佳賞味期 **7** 天

---

[食材]

| | | | |
|---|---|---|---|
| 無鹽奶油 | 50g | 杏仁粉 | 20g |
| 純糖粉 | 40g | 抹茶粉 | 5g |
| 白美娜濃縮鮮奶 | 10g | 砂糖 | 適量 |
| 低筋麵粉 | 80g | | |

[步驟]

1 奶油在室溫軟化後，加入純糖粉，以手持攪拌器混和均勻。

2 加入白美娜，攪拌均勻至細緻光滑即可，不要打發過度。

3 加入過篩麵粉、杏仁粉，以長刮刀拌勻。

4 加入抹茶粉，以長刮刀拌勻。

5 將麵糰用塑膠袋包好壓平後，冷藏 30 分鐘。

6 取出後分割成 10g 麵糰，分別滾圓。

7 將圓麵糰表面沾裹砂糖。

8 以 2 根手指平壓麵糰做出造形。

9 表面補灑上砂糖。

10 放入預熱好的烤箱，170℃・20 分鐘。

 呂老師 Note

只要改變造形與使用的糖，餅乾的風味也會隨之變化。

**呂老師**
Note

製作前奶油要先軟化，也就是退冰到
16～20℃，切記奶油溫度不可超過 25
度，因為超過 25 度的奶油會融化。苦
甜巧克力示範使用的是可可聯盟巧克
力，單一限定產區，厄瓜多 56%。

# 可可餅乾

分量 **20** 個
最佳賞味期 **7** 天

## 食材

| | |
|---|---|
| 無鹽奶油 | 50g |
| 純糖粉 | 40g |
| 白美娜濃縮鮮奶 | 10g |
| 低筋麵粉 | 80g |
| 杏仁粉 | 20g |
| 可可粉 | 5g |
| 苦甜巧克力片 | 20 個 |

## 步驟

**1** 奶油在室溫軟化後，加入純糖粉，以手持攪拌器混合均勻。

**2** 加入白美娜，攪拌均勻至細緻光滑即可，不要打發過度。

**3** 加入過篩麵粉、杏仁粉，以長刮刀拌勻。

**4** 加入可可粉，以長刮刀拌勻。

**5** 將麵糰用塑膠袋包合後，冷藏 30 分鐘。

**6** 冷藏 30 分鐘後取出，將麵糰重新聚合揉捏。

**7** 分割成 10g 麵糰，滾圓、滾光滑。

**8** 將一塊苦甜巧克力壓入麵糰上。

**9** 放入預熱好的烤箱，170℃ ・20 分鐘。

## 🚩 巧克力豆餅乾

配方食材與步驟同可可餅乾，準備高溫巧克力豆替代苦甜巧克力片。

在步驟 7 分出 10g 麵糰滾圓後，將麵糰的上下兩面壓沾高溫巧克力豆，放在烤盤上時輕壓一下。放入預熱好的烤箱，170℃ ・20 分鐘。

# 咖啡杏仁角餅乾

分量 **20** 個
最佳賞味期 **7** 天

## 食材

| | |
|---|---|
| 無鹽奶油 | 50g |
| 純糖粉 | 40g |
| 白美娜濃縮鮮奶 | 10g |
| 低筋麵粉 | 80g |
| 杏仁粉 | 20g |
| 即溶咖啡粉 | 5g |
| 生杏仁角 | 適量 |
| 純糖粉 | 適量 |

## 步驟

1 奶油在室溫軟化後，加入純糖粉，以手持攪拌器混合均勻。

2 加入白美娜，攪拌均勻至細緻光滑即可，不要打發過度。

3 加入過篩麵粉、杏仁粉，以長刮刀拌勻。

4 加入咖啡粉，以長刮刀拌勻。

5 將麵糰用塑膠袋包好壓平。

6 冷藏 30 分鐘後取出，將麵糰重新聚合揉捏。

7 分割成 10g 麵糰，滾圓、滾光滑。

8 麵糰沾裹生杏仁角。

9 擺放烤盤上時，輕輕壓平一下，上方灑滿純糖粉。

10 放入預熱好的烤箱，170℃ ・20 分鐘。

## 🚩 巧克力咖啡餅乾

咖啡杏仁餅乾烘烤出爐後，
前端沾取融化的巧克力，簡
單的小動作就可創造出餅乾
風味的變化。

# 椰絲咖啡餅乾

分量 **20** 個
最佳賞味期 **7** 天

## 食材

| | |
|---|---|
| 無鹽奶油 | 50g |
| 純糖粉 | 40g |
| 白美娜濃縮鮮奶 | 10g |
| 低筋麵粉 | 80g |
| 杏仁粉 | 20g |
| 即溶咖啡粉 | 5g |
| 生杏仁角 | 適量 |
| 椰子絲 | 適量 |

## 步驟

**1** 奶油在室溫軟化後，加入純糖粉，以手持攪拌器混合均勻。

**2** 加入白美娜，攪拌均勻至細緻光滑即可，不要打發過度。

**3** 加入過篩麵粉、杏仁粉，以長刮刀拌勻。

**4** 加入即溶咖啡，以長刮刀拌勻。

**5** 將麵糰用塑膠袋包好壓平後，冷藏 30 分鐘。

**6** 取出後分割成 10g 麵糰，滾圓、滾光滑。

**7** 麵糰沾裹椰子絲後，再重新滾圓。

**8** 放入預熱好的烤箱，170℃ ‧ 20 分鐘。

## 🚩 巧克力椰絲咖啡餅乾

椰絲咖啡餅乾烘烤出爐後，單面沾取融化的巧克力，餅乾風味會因此增加變化。

Part
3

# 鐵盒曲奇

5 種烘焙基礎的素材，運用造形花嘴，
創造獨一無二的曲奇。夢幻的鐵盒曲奇大公開！

奶油、糖粉、雞蛋、鮮奶、低筋麵粉，5 種食材分次加入攪拌均勻，記得不
用打太發，因為打太發反而會在擠花時造形坍塌。再利用不同的擠花嘴創作
出造形，佐以巧克力醬或奶油夾餡，就足以快速變化出獨一無二的曲奇！將
各式各樣曲奇裝進鐵盒中，快樂的完成美味又多彩多姿的曲奇禮盒。

**主要器具** ▶ 鋼盆、手持攪拌器、長刮刀、
擠花嘴、擠花袋。

# 經典奶油曲奇

分量 **35** 個
最佳賞味期 **5** 天

## 食材

| | |
|---|---|
| 無鹽奶油 | 100g |
| 純糖粉 | 60g |
| 雞蛋 | 20g |
| 白美娜濃縮鮮奶 | 10g |
| 低筋麵粉 | 160g |

## 步驟

1 奶油在室溫軟化後，加入純糖粉，以手持攪拌器混合均勻。

2 雞蛋分 2 次加入，持續攪拌至光滑。

3 加入白美娜攪拌至完全融合。

4 加入過篩麵粉，用長刮刀拌勻至細緻光滑，擠花時才會漂亮。

5 擠花袋放好 SN-7102 的 10 齒花嘴，再裝進麵糰。

6 烤盤鋪不沾布，擠上立體擠花麵糰。

7 放入預熱好的烤箱，170℃ ·20 ～ 25 分鐘。

---

## 🚩 苦甜巧克力奶油曲奇

完成經典奶油曲奇的步驟 1 ～ 5 後，烤盤鋪不沾布，擠出馬蹄型的麵糰。放入預熱好的烤箱，170℃ ·20 ～ 25 分鐘。出爐放涼後，餅乾前端 1/3 沾取適量的融化苦甜巧克力即完成。

# 榛果巧克力奶油曲奇

分量 **35** 個
最佳賞味期 **5** 天

## 食材

| | |
|---|---|
| 無鹽奶油 | 100g |
| 純糖粉 | 60g |
| 雞蛋 | 20g |
| 白美娜濃縮鮮奶 | 10g |
| 低筋麵粉 | 160g |
| 榛果巧克力 | 適量 |
| 熟榛果（切碎） | 適量 |

## 步驟

1 奶油在室溫軟化後，加入純糖粉，以手持攪拌器混合均勻。
2 雞蛋分 2 次加入，持續攪拌至光滑。
3 加入白美娜攪拌至完全融合。
4 加入過篩麵粉，用長刮刀拌勻至細緻光滑，擠花時才會漂亮。
5 擠花袋放好 SN-7102 的 10 齒花嘴，再裝進麵糰。
6 烤盤鋪不沾布，擠上長條形麵糰。
7 放入預熱好的烤箱，170℃ ・20 ～ 25 分鐘。出爐後放涼。
8 餅乾前端 1/3 沾取融化的榛果巧克力後，灑上適量熟榛果碎粒即完成。

## 🚩 柳橙奶油夾心曲奇

完成第 59 頁經典奶油曲奇步驟 1 ～ 5 後，烤盤鋪不沾布，擠上波浪狀的麵糰。放入預熱好的烤箱，170℃ ・20 ～ 25 分鐘。以第 77 頁完成柳橙奶油醬，將餡醬夾入兩片餅乾中即完成。

# 奶油可可曲奇

分量 **35** 個
最佳賞味期 **5** 天

## 食材

| | |
|---|---|
| 無鹽奶油 | 100g |
| 純糖粉 | 60g |
| 雞蛋 | 20g |
| 白美娜濃縮鮮奶 | 10g |
| 低筋麵粉 | 140g |
| 可可粉 | 20g |

## 步驟

**1** 奶油在室溫軟化後，加入純糖粉，以手持攪拌器混合均勻。

**2** 雞蛋分 2 次加入，持續攪拌至光滑。

**3** 加入白美娜攪拌至完全融合。

**4** 加入過篩麵粉、可可粉，用長刮刀攪拌。

**5** 需拌勻至細緻光滑，擠花時才會漂亮。

**6** 擠花袋放好 SN-7102 的 10 齒花嘴，再裝進麵糰。

**7** 烤盤鋪不沾布，擠上立體擠花麵糰。

**8** 放入預熱好的烤箱，170℃ · 20 ～ 25 分鐘。

## 🚩 苦甜巧克力可可曲奇

完成奶油可可曲奇步驟 1 ～ 5，烤盤鋪不沾布，擠上條狀的麵糰。放入預熱好的烤箱，170℃ · 20 ～ 25 分鐘。出爐放涼後，將餅乾前端 1/3 沾取適量的融化苦甜巧克力即完成。

# 巧克力碎豆曲奇 花生夾心

分量 **17** 個

最佳賞味期 **5** 天

## 食材

| | |
|---|---|
| 無鹽奶油 | 100g |
| 純糖粉 | 60g |
| 雞蛋 | 20g |
| 白美娜濃縮鮮奶 | 10g |
| 低筋麵粉 | 140g |
| 可可粉 | 20g |
| 花生奶油醬 | 適量 |

## 步驟

**1** 奶油在室溫軟化後，加入純糖粉，以手持攪拌器混合均勻。

**2** 雞蛋分 2 次加入，持續攪拌至光滑。

**3** 加入白美娜攪拌至完全融合。

**4** 加入過篩麵粉、可可粉，用長刮刀攪拌。

**5** 需拌勻至細緻光滑，擠花時才會漂亮。

**6** 擠花袋放好 SN-7056 的排花嘴，再裝進麵糰。

**7** 烤盤鋪不沾布，擠長條的薄麵糰，表面灑上可可碎豆。

**8** 放入預熱好的烤箱，170℃ ·16 ～ 20 分鐘，出爐放涼。

**9** 取 1 片餅乾擠上花生奶油醬（P.79）貼合另一片，完成夾心餅乾，可再用融化的白巧克力畫裝飾線條。

## 🚩 海鹽可可曲奇

以第 63 頁奶油可可曲奇，使用 SN-7056 排花嘴，完成步驟 1 ～ 6 後，烤盤鋪不沾布，擠上波浪形的薄麵糰，表面灑上海鹽。放入預熱好的烤箱，170℃ ·16 ～ 20 分鐘。

# 奶油抹茶曲奇

分量 **35** 個
最佳賞味期 **5** 天

---

**食材**

| | |
|---|---|
| 無鹽奶油 | 100g |
| 純糖粉 | 60g |
| 雞蛋 | 20g |
| 白美娜濃縮鮮奶 | 10g |
| 低筋麵粉 | 155g |
| 抹茶粉 | 6g |

**步驟**

1. 奶油在室溫軟化後，加入純糖粉，以手持攪拌器混合均勻。
2. 雞蛋分 2 次加入，持續攪拌至光滑。
3. 加入白美娜攪拌至完全融合。
4. 加入過篩麵粉、抹茶粉，用長刮刀攪拌。
5. 需拌勻至細緻光滑，擠花時才會漂亮。
6. 擠花袋放好 SN-7102 的 10 齒花嘴，再裝進麵糰。
7. 烤盤鋪不沾布，擠上立體麵糰。
8. 放入預熱好的烤箱，170℃ · 16 ~ 20 分鐘。

**呂老師 Note**

製作前奶油要先軟化，也就是退冰到 16 ~ 20℃，切記奶油溫度不可超過 25 度，因為超過 25 度的奶油會融化。

# 白巧克力抹茶曲奇

分量 **35** 個
最佳賞味期 **5** 天

## 食材

| | |
|---|---|
| 無鹽奶油 | 100g |
| 純糖粉 | 60g |
| 雞蛋 | 20g |
| 白美娜濃縮鮮奶 | 10g |
| 低筋麵粉 | 155g |
| 抹茶粉 | 6g |
| 熟杏仁條 | 適量 |

## 步驟

1 奶油在室溫軟化後，加入純糖粉，以手持攪拌器混合均勻。
2 雞蛋分 2 次加入，持續攪拌至光滑。
3 加入白美娜攪拌至完全融合。
4 加入過篩麵粉、抹茶粉，用長刮刀攪拌。
5 需拌勻至細緻光滑，擠花時才會漂亮。
6 擠花袋放好圓口花嘴，再裝進麵糰。
7 烤盤鋪不沾布，擠上長條形麵糰，上方壓放熟杏仁條。
8 放入預熱好的烤箱，170℃ ‧16 ～ 20 分鐘。
9 出爐放涼後，餅乾上方的表面擠上細條的融化白巧克力做為妝點。

## 🏴 杏仁果抹茶曲奇

白巧克力抹茶曲奇的配方食材，完成步驟 1 ～ 5 後，烤盤鋪不沾布，擠上圓球狀麵糰，插放入 1 顆熟杏仁果。放入預熱好的烤箱，170℃ ‧20 ～ 25 分鐘。出爐放涼後，餅乾上方的表面可擠上細條的融化白巧克力做為妝點。

# 奶油咖啡曲奇

分量 **35** 個

最佳賞味期 **5** 天

## 食材

| | |
|---|---|
| 無鹽奶油 | 100g |
| 純糖粉 | 60g |
| 即溶咖啡粉 | 8g |
| 雞蛋 | 20g |
| 白美娜濃縮鮮奶 | 10g |
| 低筋麵粉 | 160g |
| 二砂糖 | 適量 |

## 步驟

1 奶油在室溫軟化後，加入純糖粉、咖啡粉，以長刮刀拌勻。

2 雞蛋分 2 次加入，持續攪拌至光滑。

3 加入白美娜攪拌至完全融合。

4 加入過篩麵粉，用長刮刀拌勻。

5 需攪拌至細緻光滑，擠花才會漂亮。

6 擠花袋放好圓口花嘴，再裝進麵糰。

7 烤盤鋪不沾布，擠上長條麵糰，表面灑二砂糖。

8 放入預熱好的烤箱，170℃ ・20 ～ 25 分鐘。

呂老師 Note

攪拌均勻過程中，記得不要打太發，因為過發會使擠花形狀易塌陷。

##  咖啡胡桃曲奇

以第 71 頁奶油咖啡曲奇的食材，完成步驟 1 ～ 6 後，烤盤鋪不沾布，擠出圓型麵糰，上方擺一個熟胡桃，壓進麵糰，表面灑上素焚糖。放入預熱好的烤箱，170℃·20 ～ 25 分鐘。

##  咖啡杏仁片曲奇

以第 71 頁奶油咖啡曲奇的食材，完成步驟 1 ～ 5 後，使用 SN-7056 排花嘴裝入擠花袋，烤盤鋪不沾布，擠出扁波浪型麵糰，上方壓放生杏仁片。放入預熱好的烤箱，170℃·16 ～ 20 分鐘。

##  咖啡南瓜籽曲奇

以第 71 頁奶油咖啡曲奇的食材，完成步驟 1 ～ 5 後，使用 SN-7056 排花嘴裝入擠花袋，烤盤鋪不沾布，擠出扁長型麵糰，上方壓放生南瓜籽。放入預熱好的烤箱，170℃·16 ～ 20 分鐘。

# 造形壓模餅乾

五種烘焙食材，搭配可愛造形壓模
增添更多餅乾的組合

利用壓模器具，就可以讓手工餅乾視覺效果大加
分。由於製作時需要將模具用力下壓，所以餅乾
麵糰必須在冰箱冷藏足夠時間，才不會在壓的時
候裂開，但不可以貪快放到冷凍庫，這樣會使麵
糰無法熟成。完成壓模後剩餘的邊邊角角麵糰，
可以重新捏合，蓋上塑膠袋重新壓平，冷藏 2 小
時後再取出壓模。製作前奶油要先軟化，意即退
冰到 16 ～ 20℃，切記奶油溫度不可超過 25 度，
因為超過 25 度的奶油會融化。

**主要器具** ▶ 鋼盆、手持攪拌器、造形壓模。

# 原味奶油餅乾

分量 **30** 個
最佳賞味期 **5** 天

## 食材

| | |
|---|---|
| 無鹽奶油 | 100g |
| 純糖粉 | 80g |
| 雞蛋 | 35g |
| 低筋麵粉 | 200g |
| 杏仁粉 | 40g |

## 步驟

**1** 奶油在室溫軟化後，加入純糖粉，以手持攪拌器混合均勻。

**2** 雞蛋分 2 次加入，持續攪拌至光滑。

**3** 加入過篩的麵粉、杏仁粉攪拌至完全融合。

**4** 將麵糰放在塑膠袋上鋪平。

**5** 再放另一個塑膠袋在麵糰上方。

**6** 用擀麵棍壓平麵糰，厚度約 0.4 ～ 0.5 公分。

**7** 可用平盤輔助壓平麵糰。

**8** 冷藏 3 小時。

**9** 從冰箱取出後，用模型壓出形狀。

**10** 放入預熱好的烤箱，160℃ ・20 ～ 25 分鐘。

## 🚩 柳橙奶油夾餡餅乾

**夾餡食材** 無鹽奶油 100g、純糖粉 50g、柳橙皮 2g

## 步驟

**1** 製作原味奶油餅乾出爐靜置放涼。

**2** 奶油、純糖粉、柳橙皮以手持攪拌器打發至光滑。裝入擠花袋中。

**3** 取一片奶油餅乾，擠上夾餡，再取另一片餅乾貼合即完成。

呂老師
Note

巧克力的麵糰在攪拌時會發現比較硬，
這是因為可可粉吸水力較強，但不要因
此自行多加液體食材，因為老師的配
方，就是希望讓可可風味的餅乾烤出來
較為酥脆。

# 可可奶油餅乾

分量 **30** 個
最佳賞味期 **5** 天

## 食材

| | |
|---|---|
| 無鹽奶油 | 100g |
| 純糖粉 | 80g |
| 雞蛋 | 35g |
| 低筋麵粉 | 180g |
| 杏仁粉 | 40g |
| 可可粉 | 20g |

## 步驟

1 奶油在室溫軟化後，加入純糖粉，以手持攪拌機拌勻。

2 雞蛋分 2 次加入，分次攪拌至光滑。

3 加入過篩的麵粉、杏仁粉、可可粉，攪拌至均勻融合。

4 將麵糰放在塑膠袋上攤開、攤平。

5 再放另一個塑膠袋在麵糰上方。

6 用擀麵棍壓平麵糰，厚度約 0.4 ～ 0.5 公分。

7 可用平盤輔助壓平麵糰。

8 冷藏 3 小時。

9 從冰箱取出後，用模型壓出形狀。

10 放入預熱好的烤箱，160℃ ·20 ～ 25 分鐘。

## 🚩 花生奶油夾餡餅乾

**夾餡食材** 無鹽奶油 100g、純糖粉 30g、花生醬 50g

**步驟**

1 製作可可奶油餅乾出爐靜置放涼。

2 奶油、純糖粉、花生醬以手持攪拌器攪拌至光滑。裝入擠花袋中。

3 取一片可可奶油餅乾，擠上夾餡，再取另一片餅乾貼合即完成。

# 美式鄉村餅乾

美國傳統風味的家庭手工餅乾

4 種基礎食材加上少許泡打粉，構成基本的美式基底

酥脆的口感，對於配料食材有極大的融合力

老師這次想教大家的，是更為酥鬆型的美式餅乾，所以會需要桌上型攪拌機將奶油跟糖先打發，再分次加蛋攪拌，雞蛋請務必要先將蛋白、蛋黃完全打散均勻後，才開始慢慢分 3 次加入。每次加入後，都要等蛋液完全攪拌進麵糰，乳化完全之後，再加入下一次攪拌完全，會花比較久的時間，卻是不可節省的重要步驟。如此一來可讓餅乾兼具酥、鬆、脆。本書操作示範所使用的是 KitchenAid 升降式桌上型攪拌機 5.9L（型號 3KSM6583T）。

**主要器具** ▶ 桌上型攪拌機、長刮刀、擠花袋。

# 原味美式鄉村餅乾

分量 **40** 個
最佳賞味期 **5** 天

---

**食材**

| | |
|---|---|
| 無鹽奶油 | 100g |
| 細砂糖 | 85g |
| 雞蛋 | 50g |
| 低筋麵粉 | 165g |
| 泡打粉 | 3g |
| 二砂糖 | 適量 |

**步驟**

1 奶油室溫軟化後，加入細砂糖攪拌。
2 蛋先打散均勻，準備分 3 次加入。
3 每次加入蛋，都要攪拌至蛋液完全吸收，看不到液體。
4 加蛋攪拌期間要停下刮鋼，確保完全均勻。
5 攪拌至產生紋路不會塌陷，才能加下一次的蛋，共 3 次。
6 加入過篩後的低筋麵粉、泡打粉，低速拌均勻。
7 麵糰攪拌至完全乳化均勻後，裝進擠花袋，尖端剪小口。
8 烤盤鋪烘焙紙，擠上麵糰，1 個 10g，間距要預留足夠。
9 麵糰上方灑適量二砂糖。
10 放入預熱好的烤箱，160℃ ‧ 20 ～ 25 分鐘。

  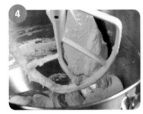 

## 🚩 美式珍珠糖鄉村餅乾

配方食材與步驟同原味美式鄉村餅乾，但以珍珠糖取代二砂糖。

珍珠糖是由甜菜提煉而成的粗顆粒結晶，甜度比二砂糖低，熔點高，加熱後並不會完全融化，因此可以吃到鬆脆糖粒。

# 美式經典巧克力餅乾

分量 **60** 個
最佳賞味期 **5** 天

## 食材

| | |
|---|---|
| 無鹽奶油 | 100g |
| 細砂糖 | 85g |
| 雞蛋 | 50g |
| 低筋麵粉 | 165g |
| 泡打粉 | 3g |
| 高溫巧克力豆 | 100g |
| 高溫巧克力豆 | 適量 |

## 步驟

1 奶油室溫軟化後，加入細砂糖攪拌。
2 蛋先打散均勻，準備分 3 次加入。
3 每次加入蛋，都要攪拌至蛋液完全吸收，看不到液體。
4 加蛋攪拌期間要停下刮鋼，確保完全均勻。
5 攪拌至產生紋路不會塌陷，才能加下一次的蛋，共 3 次。
6 加入過篩後的低筋麵粉、泡打粉，低速攪拌均勻。
7 加入巧克力豆，機器調低速攪拌，以免把巧克力豆弄碎。
8 麵糊攪拌至完全乳化均勻後，裝進擠花袋，尖端剪小口。
9 烤盤鋪烘焙紙，擠上麵糊，1 個 8g，間距要預留足夠。
10 麵糊上方灑適量巧克力豆。
11 放入預熱好的烤箱，160℃ ・20 ～ 25 分鐘。

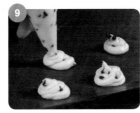

## 🏴 美式椰絲巧克力餅乾

配方食材與步驟同美式經典巧克力餅乾，但麵糊進烤箱前，上方不灑適量巧克力而是改灑上適量椰子絲。灑上椰絲後要輕壓入麵糊，不然烘焙出爐會容易散落。

# 美式胡桃餅乾

分量 **50** 個

最佳賞味期 **5** 天

## 食材

| | |
|---|---|
| 無鹽奶油 | 100g |
| 細砂糖 | 85g |
| 雞蛋 | 50g |
| 低筋麵粉 | 165g |
| 泡打粉 | 3g |
| 生胡桃 | 100g |
| 生胡桃 | 25 個 |

## 步驟

1 奶油室溫軟化後，加入細砂糖攪拌。

2 蛋先打散均勻，準備分 3 次加入。

3 每次加入蛋，都要攪拌至蛋液完全吸收，看不到液體。

4 加蛋攪拌期間要停下刮鋼，確保完全均勻。

5 攪拌至產生紋路不會塌陷，才能加下一次的蛋，共 3 次。

6 加入過篩後的低筋麵粉、泡打粉，低速攪拌均勻。

7 加入胡桃 100g，低速攪拌均勻。

8 麵糰攪拌至完全乳化均勻後，裝進擠花袋，尖端剪小口。

9 烤盤鋪烘焙紙，擠上條狀麵糰，每個 10g，間距預留足夠。

10 每個麵糰上方放切對半的胡桃。

11 放入預熱好的烤箱，160℃ ‧ 14 ～ 15 分鐘。

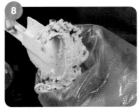

## 🚩 美式素焚糖胡桃餅乾

配方食材與步驟同美式胡桃餅乾，但麵糰進烤箱前，上方不放切半胡桃，改灑上適量素焚糖。或也可用二砂糖替代使用，但風味會略有不同。

配方中的細砂糖也可改用二砂糖、素焚糖、三溫糖等不同的糖來操作，甜度跟風味將會有所變化。

# 美式杏仁燕麥餅乾

分量 **35** 個
最佳賞味期 **5** 天

## 食材

| | |
|---|---|
| 無鹽奶油 | 100g |
| 細砂糖 | 85g |
| 雞蛋 | 50g |
| 低筋麵粉 | 165g |
| 泡打粉 | 3g |
| 生杏仁角 | 50g |
| 生燕麥片 | 50g |

## 步驟

1 奶油室溫軟化後，加入細砂糖攪拌。

2 蛋先打散均勻，準備分 3 次加入。

3 每次加入蛋，都要攪拌至蛋液完全吸收，看不到液體。

4 加蛋攪拌期間要停下刮鋼，確保完全均勻。

5 攪拌至產生紋路不會塌陷，才能加下一次的蛋，共 3 次。

6 加入過篩後的低筋麵粉、泡打粉，低速攪拌均勻。

7 加入杏仁角、燕麥片，低速攪拌均勻。

8 攪拌至完全乳化均勻。

9 烤盤鋪烘焙紙，以湯匙挖取麵糰放上，每個 12 ～ 15g，間距要預留足夠。

10 放入預熱好的烤箱，160℃ ·14 ～ 15 分鐘。

## 🚩 美式玉米片燕麥餅乾

配方食材與步驟同美式杏仁燕麥餅乾，在麵糰進烤箱前，上方要先灑上適量玉米片並輕壓。

# 美式摩卡棉花糖餅乾

分量 **20** 個
最佳賞味期 **5** 天

## 食材

| | |
|---|---|
| 無鹽奶油 | 100g |
| 細砂糖 | 85g |
| 雞蛋 | 50g |
| 低筋麵粉 | 165g |
| 泡打粉 | 3g |
| 棉花糖 | 50g |
| 即溶咖啡粉 | 5g |

## 步驟

1 奶油室溫軟化後，加入細砂糖攪拌。

2 蛋先打散均勻，準備分 3 次加入。

3 每次加入蛋，都要攪拌至蛋液完全吸收，看不到液體。

4 加蛋攪拌期間要停下刮鋼，確保完全均勻。

5 攪拌至產生紋路不會塌陷，才能加下一次的蛋，共 3 次。

6 加入過篩後的低筋麵粉、泡打粉，低速攪拌均勻。

7 加入棉花糖、咖啡粉，低速攪拌至完全乳化均勻。

8 烤盤鋪烘焙紙，以湯匙挖取麵糰放上，每個 20 ～ 25g。

9 棉花糖較易拓開，麵糰之間的間距要留較大。

10 放入預熱好的烤箱，160℃ ・25 ～ 30 分鐘。

**呂老師 Note**

因為老師很喜歡咖啡，所以特別設計了這款咖啡風味的棉花糖美式餅乾。烘烤時間要足夠，棉花糖才會融化。

# 美式玉米脆片餅乾

分量 **20** 個
最佳賞味期 **5** 天

## 食材

| | |
|---|---|
| 無鹽奶油 | 100g |
| 細砂糖 | 85g |
| 雞蛋 | 50g |
| 低筋麵粉 | 165g |
| 泡打粉 | 3g |
| 無糖玉米片 | 100g |
| 珍珠糖 | 適量 |

## 步驟

1 奶油室溫軟化後，加入細砂糖攪拌。

2 蛋先打散均勻，準備分 3 次加入。

3 每次加入蛋，都要攪拌至蛋液完全吸收，看不到液體。

4 加蛋攪拌期間要停下刮鋼，確保完全均勻。

5 第 3 次把蛋全部加入後，要攪拌至產生紋路不會塌陷的程度。

6 加入過篩後的低筋麵粉、泡打粉，低速攪拌均勻。

7 加入玉米片，低速攪拌至完全均勻。

8 烤盤鋪烘焙紙，以湯匙挖取麵糰放上，每個 20 ～ 25g，間距要留大。

9 用手指將麵糰拓展平整，上方灑適量珍珠糖。

10 放入預熱好的烤箱，160℃ ・25 ～ 30 分鐘。

呂老師
Note

玉米脆片請記得選購「無糖」，否則甜度會過高。麵糰間距要留夠，不然烘烤過程會因軟化攤開來而黏在一起。

示範製作使用
可可聯盟單一限定產區巧克力 厄瓜多 56%

┌─ 食材 ─┐

| | | | |
|---|---|---|---|
| 無鹽奶油 | 100g | 泡打粉 | 3g |
| 細砂糖 | 85g | 苦甜巧克力 | 100g |
| 雞蛋 | 50g | 椰絲 | 50g |
| 低筋麵粉 | 165g | | |

# 美式椰香可可餅乾

分量 **55** 個
最佳賞味期 **5** 天

---

步驟

1 奶油室溫軟化後，加入細砂糖攪拌。

2 蛋先打散均勻，準備分 3 次加入。

3 每次加入蛋，都要攪拌至蛋液完全吸收，看不到液體。

4 加蛋攪拌期間要停下刮鋼，確保完全均勻。

5 第 3 次蛋全部加入，要攪拌至產生紋路不會塌陷的程度。

6 加入過篩後的低筋麵粉、泡打粉，低速攪拌均勻至完全
乳化均勻。

7 加入融化好的苦甜巧克力、椰絲，用長刮刀拌勻。

8 巧克力加入麵糰後會有收縮現象，所以攪拌過程會漸
硬、顏色漸深。

9 烤盤鋪烘焙紙，以湯匙挖取麵糰放上，每個 10g，間距
要留大。

10 麵糰用手指輕輕塑造成圓形。

11 放入預熱好的烤箱，160℃ ・20 ～ 25 分鐘。

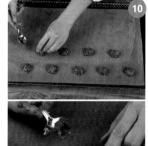

---

## 🚩 美式厄瓜多巧克力椰香餅乾

配方食材與步驟同美式椰香可可餅乾，在麵糰進烤
箱前，上方多加一片厄瓜多巧克力片，輕壓貼合麵
糰。這款餅乾也適合在出爐
時以印章在巧克力上壓出圖
形，增加裝飾性。

# 美式鹽味杏仁鄉村餅乾

分量 **50** 個
最佳賞味期 **5** 天

## 食材

| | | | |
|---|---|---|---|
| 無鹽奶油 | 100g | 泡打粉 | 3g |
| 細砂糖 | 85g | 鹽味杏仁條 (p.15) | 50g |
| 雞蛋 | 50g | 牛奶巧克力碎片 | 50g |
| 低筋麵粉 | 165g | 鹽味杏仁條 (p.15) | 適量 |

## 步驟

1 奶油室溫軟化後，加入細砂糖攪拌。

2 蛋先打散均勻，準備分 3 次加入。

3 每次加入蛋，都要攪拌至蛋液完全吸收，看不到液體。

4 加蛋攪拌期間要停下刮鋼，確保完全均勻。

5 第 3 次蛋全部加入後，要攪拌至產生紋路不會塌陷的程度。

6 加入過篩後的低筋麵粉、泡打粉，低速攪拌均勻。

7 加入鹽味杏仁條（做法可參考第 15 頁）50g、牛奶巧克力碎片，低速攪拌均勻。

8 麵糰攪拌至完全乳化均勻後，裝進擠花袋，尖端剪中口。

9 烤盤鋪烘焙紙，擠上麵糰，每個 10g，間距要預留足夠。

10 每個麵糰上方放適量鹽味杏仁條。

11 放入預熱好的烤箱，160℃ ‧13 ～ 15 分鐘。

**呂老師 Note**

雞蛋請務必要先將蛋白蛋黃完全打散均勻後，才開始慢慢分 3 次加入。每次加入後，都要等蛋液完全攪拌進麵糰，乳化完全之後，再加入下一次攪拌完全，會花比較久的時間，卻是不可節省的重要步驟。

# 美式綜合堅果餅乾

分量 **100** 個
最佳賞味期 **5** 天

## 食材

| | | | |
|---|---|---|---|
| 無鹽奶油 | 100g | 核桃 | 20g |
| 細砂糖 | 85g | 杏仁果 | 20g |
| 雞蛋 | 50g | 夏威夷豆 | 20g |
| 低筋麵粉 | 165g | 南瓜籽 | 20g |
| 泡打粉 | 3g | 榛果醬 | 50g |
| 胡桃 | 20g | 海鹽 | 適量 |

## 步驟

1 奶油室溫軟化後，加入細砂糖攪拌。

2 蛋先打散均勻，準備分 3 次加入。

3 每次加入蛋，都要攪拌至蛋液完全吸收，看不到液體。

4 加蛋攪拌期間要停下刮鋼，確保完全均勻。

5 第 3 次蛋全部加入後，要攪拌至產生紋路不會塌陷的程度。

6 加入過篩後的低筋麵粉、泡打粉，低速攪拌至完全乳化均勻。

7 加入全部堅果及榛果醬，低速攪拌 30 秒，令其均勻融合。

8 擠花袋裝好直徑 1 公分圓口花嘴，放入麵糰。

9 烤盤鋪烘焙紙，擠上麵糰，每個 5g，間距要預留足夠。

10 麵糰上方灑些許海鹽。

11 放入預熱好的烤箱，160℃ ・13 ～ 15 分鐘。

呂老師
Note

加入堅果的餅乾，用些許鹽提味會更加好吃。

# 美式花生核桃餅乾

分量 **100** 個
最佳賞味期 **5** 天

## 食材

| | | | |
|---|---|---|---|
| 無鹽奶油 | 100g | 無糖花生醬 | 50g |
| 細砂糖 | 85g | 核桃 | 50g |
| 雞蛋 | 50g | 白芝麻 | 20g |
| 低筋麵粉 | 165g | 海鹽 | 適量 |
| 泡打粉 | 3g | | |

## 步驟

1 奶油室溫軟化後，加入細砂糖攪拌。

2 蛋先打散均勻，準備分 3 次加入。

3 每次加入蛋，都要攪拌至蛋液完全吸收，看不到液體。

4 加蛋攪拌期間要停下刮鋼，確保完全均勻。

5 第 3 次蛋全部加入後，要攪拌至產生紋路不會塌陷的程度。

6 加入過篩後的低筋麵粉、泡打粉，低速攪拌均勻至完全乳化均勻。

7 加入無糖花生醬、核桃、芝麻，低速攪拌至少 30 秒，要完全融合均勻。

8 麵糰裝進擠花袋，尖端剪小口。

9 烤盤鋪烘焙紙，擠上麵糰，每個 5g，間距要預留足夠。

10 每個麵糰上方灑適量海鹽。

11 放入預熱好的烤箱，160℃ ・13 ～ 15 分鐘。

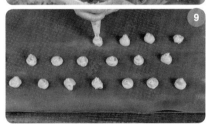

**呂老師**
Note

花生醬可用烤熟的花生以食物調理機打成泥狀，或是購買現成的無糖花生醬也可以。

# 美式珍珠糖芝麻餅乾

分量 **100** 個
最佳賞味期 **5** 天

## 食材

| | |
|---|---|
| 無鹽奶油 | 100g |
| 細砂糖 | 85g |
| 雞蛋 | 50g |
| 低筋麵粉 | 165g |
| 泡打粉 | 3g |
| 無糖芝麻醬 | 50g |
| 黑芝麻 | 40g |
| 白芝麻 | 30g |
| 珍珠糖 | 適量 |

## 步驟

1 奶油室溫軟化後，加入細砂糖攪拌。

2 蛋先打散均勻，準備分 3 次加入。

3 每次加入蛋，都要攪拌至蛋液完全吸收，看不到液體。

4 加蛋攪拌期間要停下刮鋼，確保完全均勻。

5 第 3 次蛋全部加入，要攪拌至產生紋路不會塌陷的程度。

6 加入過篩後的低筋麵粉、泡打粉，低速攪拌均勻至完全乳化均勻。

7 加入無糖芝麻醬、黑芝麻、白芝麻，低速攪拌至少 30 秒，要融合均勻。

8 擠花袋裝好直徑 1 公分圓口花嘴，放入麵糰。

9 烤盤鋪烘焙紙，擠上麵糰，每個 5g，間距要預留足夠。

10 每個麵糰上方灑適量珍珠糖。

11 放入預熱好的烤箱，160℃ ‧ 13 ～ 15 分鐘。

## 🚩 美式花生奶油夾心芝麻餅乾

完成美式珍珠糖芝麻餅乾出爐放涼，第 79 頁完成花生奶油醬，將餡醬夾入兩片餅乾中即完成。

# 美式南瓜籽芝麻餅乾

分量 **100** 個
最佳賞味期 **5** 天

## 食材

| | |
|---|---|
| 無鹽奶油 | 100g |
| 細砂糖 | 85g |
| 雞蛋 | 50g |
| 低筋麵粉 | 165g |
| 泡打粉 | 3g |
| 無糖芝麻醬 | 50g |
| 黑芝麻 | 40g |
| 白芝麻 | 30g |
| 南瓜籽 | 適量 |

## 步驟

1 奶油室溫軟化後，加入細砂糖攪拌。

2 蛋先打散均勻，準備分 3 次加入。

3 每次加入蛋，都要攪拌至蛋液完全吸收，看不到液體。

4 加蛋攪拌期間要停下刮鋼，確保完全均勻。

5 第 3 次蛋全部加入，要攪拌至產生紋路不會塌陷的程度。

6 加入過篩後的低筋麵粉、泡打粉，低速攪拌均勻至完全乳化均勻。

7 加入無糖芝麻醬、黑芝麻、白芝麻，低速攪拌至少 30 秒，要融合均勻。

8 擠花袋裝好直徑 1 公分圓口花嘴，放入麵糊。

9 烤盤鋪烘焙紙，擠上麵糊，每個 5g，間距要預留足夠。

10 每個麵糊上方壓上一顆生的南瓜籽。

11 放入預熱好的烤箱，160℃ ・13 ～ 15 分鐘。

## ⚑ 美式柳橙奶油夾心芝麻餅乾

完成美式南瓜子芝麻餅乾出爐放涼，以第 77 頁完成柳橙奶油醬，將餡醬夾入兩片餅乾中即完成。

Part
6

# 熟成瓦片&比利時鬆餅

營業用等級的熟成瓦片餅乾

外脆內軟的比利時鬆餅

都是無人能抵擋的豐富滋味

5種簡單的食材,經過冷藏一整晚的熟成後,就能成為開店級別的瓦片餅乾;基本食材均勻攪拌,利用家用的鬆餅機,就能做出店家等級的可口鬆餅!不論是薄脆的瓦片或是綿密的鬆餅,都是超美味的口感,相信一出手就會讓親朋好友吃過都稱讚,使同學們的烘焙手藝更添信心!

**主要器具** ▶ 鋼盆、長刮刀。

# 熟成杏仁瓦片

分量 **30** 個
最佳賞味期 **5** 天

## 食材

| | |
|---|---|
| 雞蛋 | 60g |
| 二砂糖 | 80g |
| 低筋麵粉 | 30g |
| 無鹽奶油 | 20g |
| 生杏仁片 | 120g |

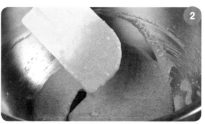

## 步驟

**1** 雞蛋加入二砂糖，用長刮刀攪拌均勻。

**2** 加入過篩麵粉，用長刮刀拌勻。

**3** 加入融化的奶油拌勻。

**4** 加入杏仁片拌勻。

**5** 冷藏靜置 8 ～ 12 小時。

**6** 從冰箱取出熟成的麵糊。

**7** 分成 1 個 10g，放在烤盤上用手或叉子攤平壓開來。

**8** 注意間隔，不要重疊到。

**9** 放入預熱好的烤箱，150℃ ‧30 ～ 35 分鐘。

呂老師
Note

冰隔夜的麵糰會呈現醬汁被杏仁片吸收完全的感覺。

# 熟成南瓜籽瓦片

分量 **34** 個
最佳賞味期 **5** 天

### 食材

| | |
|---|---|
| 雞蛋 | 60g |
| 砂糖 | 80g |
| 低筋麵粉 | 30g |
| 無鹽奶油 | 20g |
| 生南瓜籽 | 150g |

### 步驟

1 雞蛋加入砂糖，攪拌均勻。

2 加入過篩麵粉，用長刮刀拌勻。

3 加入融化的奶油拌勻。

4 加入南瓜籽拌勻。

5 冷藏靜置 8 ～ 12 小時。

6 從冰箱取出熟成的麵糊。

7 分成 1 個 10g，放在烤盤上用手或叉子攤平
壓開來。

8 注意間隔，不要重疊到。

9 放入預熱好的烤箱，150℃ ·30 ～ 35 分鐘。

呂老師
Note

不論是杏仁瓦片或南瓜籽瓦片，都可依
個人喜好，使用其他穀物類替代，譬如
葵花籽。

# 珍珠糖比利時鬆餅

分量 **9** 個
最佳賞味期 **2** 天

## 食材

| | | | |
|---|---|---|---|
| 低筋麵粉 | 250g | 雞蛋 | 50g |
| 乾酵母 | 3g | 牛奶（室溫） | 75g |
| 鹽 | 3g | 無鹽奶油 | 100g |
| 砂糖 | 25g | 珍珠糖 | 60g |
| 蜂蜜 | 10g | 蜂蜜 | 適量 |

## 步驟

**1** 過篩的麵粉加入酵母、鹽、糖，混合均勻。

**2** 加入蜂蜜、蛋、牛奶、軟化的奶油。

**3** 手揉 5 分鐘，使其均勻成糰。

**4** 加入珍珠糖，混合均勻。

**5** 室溫靜置 1 小時。

**6** 鬆餅機預熱。

**7** 取 60g 麵糰，放入鬆餅機中。

**8** 鬆餅機壓蓋，烤 2 分鐘半～ 3 分鐘。

**9** 烘烤期間可掀開確認，表面有上色即完成。

**10** 可搭配奶油與蜂蜜一起吃。

呂老師
Note

鬆餅建議製作當天食用最美味。

# 丸久小山園抹茶比利時鬆餅

分量 **9** 個
最佳賞味期 **2** 天

#### 食材

| | | | |
|---|---|---|---|
| 低筋麵粉 | 250g | 雞蛋 | 50g |
| 抹茶粉 | 5g | 牛奶（室溫） | 75g |
| 乾酵母 | 3g | 無鹽奶油 | 100g |
| 鹽 | 3g | 珍珠糖（可不加） | 60g |
| 砂糖 | 35g | 糖粉 | 適量 |

#### 步驟

**1** 過篩的麵粉加入抹茶粉、酵母、鹽、砂糖，混合均勻。

**2** 加入蛋、牛奶、軟化的奶油。

**3** 手揉 5 分鐘，使其均勻成糰。

**4** 加入珍珠糖，混合均勻。也可不加，跳過此步驟。

**5** 室溫靜置 1 小時。

**6** 鬆餅機預熱。

**7** 取 60g 麵糰，放入鬆餅機中。

**8** 鬆餅機壓蓋，烤 2 分鐘半～ 3 分鐘。

**9** 烘烤期間可掀開確認，表面有上色即完成。

**10** 食用前可在表面灑上適量糖粉。

呂老師
Note

抹茶口味的鬆餅很適合在表面灑上糖粉或淋上煉乳一起吃。

# 法芙娜比利時鬆餅

---

### 食材

| | | | |
|---|---|---|---|
| 低筋麵粉 | 250g | 雞蛋 | 50g |
| 法芙娜可可粉 | 20g | 牛奶（室溫） | 75g |
| 乾酵母 | 3g | 無鹽奶油 | 100g |
| 鹽 | 3g | 珍珠糖 | 60g |
| 砂糖 | 25g | 花生奶油醬 | 適量 |
| 蜂蜜 | 15g | | |

### 步驟

**1** 過篩的麵粉加入可可粉、酵母、鹽、砂糖，
　　混合均勻。

**2** 加入蜂蜜、蛋、牛奶、軟化的奶油。

**3** 手揉 5 分鐘，使其均勻成糰。

**4** 加入珍珠糖，混合均勻。

**5** 室溫靜置 1 小時。

**6** 鬆餅機預熱。

**7** 取 60g 麵糰，放入鬆餅機中。

**8** 鬆餅機壓蓋，烤 2 分鐘半～ 3 分鐘。

**9** 烘烤期間可掀開確認，表面有上色即完成。

**10** 食用時搭配花生奶油醬，十分對味。

 呂老師 Note ── 花生奶油醬 ──────────

無鹽奶油 100g 室溫軟化，加入純糖粉 30g、花生醬 50g，
以手持攪拌機打發至光滑。裝入擠花袋。

Part
7

# 羅榭 Rocher 岩石巧克力

台灣的美味米香搭配拌合奶油的巧克力，佐以堅果。
4 種食材組合，將台灣食材與頂級巧克力以法式手法展現。
羅榭是法語 Rocher 的音譯，意指岩石的外觀。

這道羅榭 Rocher 巧克力，老師希望巧克力風味是
主角，所以配方比例上，脆米香加的量並不多，這
樣吃的時候才能感受到巧克力香氣。因為有融化的
奶油與融化的巧克力，所以製作過程要盡快，不然
會因為攪拌降溫而漸凝固不好挖取，如果過程中發
現凝固了也沒關係，只要隔水加熱再次融化即可。

**主要器具 ▶** 鋼盆、長刮刀、湯匙。

# 南瓜籽米香羅榭

最佳賞味期 **7** 天
（冷藏）

---

**食材**

| | |
|---|---|
| 白巧克力 | 100g |
| 無鹽奶油 | 15g |
| 南瓜籽碎 | 30g |
| 脆米香 | 30g |

**步驟**

**1** 融化的奶油與融化的巧克力一起拌合。

**2** 加入南瓜籽碎、脆米香，攪拌至米香粒完全
沾裹巧克力。

**3** 平盤上鋪好塑膠袋。

**4** 用湯匙挖取約 3 ～ 4g 拌勻的巧克力米香。

**5** 放在塑膠袋上並盡量保持立體塊狀，不要
鋪平。

**6** 冷藏 1 小時，即可取出食用。

**示範製作使用**
**VALRHONA 歐帕莉絲白巧克力鈕釦 33%**

VALRHONA 推出了風味上保留濃郁奶香、
滑順口感，甜度僅有微甜，外觀色澤淨白
的歐帕莉絲白巧克力。流動性極佳的歐帕
莉絲白巧克力，特別適用於製模、披覆。

呂老師
Note

製作時維持立體塊狀才會做出岩石的感
覺，符合法語 Rocher 的岩石外觀之意。

# 葡萄乾米香羅榭

最佳賞味期 **7** 天
（冷藏）

## 食材

| | |
|---|---|
| 牛奶巧克力 | 100g |
| 無鹽奶油 | 15g |
| 葡萄乾 | 30g |
| 脆米香 | 30g |

## 步驟

**1** 融化的奶油與融化的巧克力一起拌合。

**2** 加入葡萄乾、脆米香，攪拌至米香粒完全沾裹巧克力。

**3** 平盤上鋪好塑膠袋。

**4** 用湯匙挖取約 3 ～ 4g 拌勻的巧克力米香。

**5** 放在塑膠袋上並盡量保持立體塊狀，不要鋪平。

**6** 冷藏 1 小時，即可取出食用。

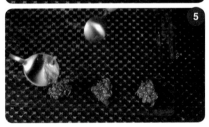

**示範製作使用**
**VALRHONA 吉瓦那牛奶巧克力鈕釦 40%**

吉瓦那牛奶巧克力為典型輕柔口感之巧克力，調製厄瓜多爾地區高級 Forasteros 可可豆，添加全脂牛奶。其顯著的可可香味以及與香草和麥芽的完美融合，造就口感滑順以及擁有獨特焦糖香的特有風味。

**呂老師**
Note

葡萄乾以蔓越梅乾、橘皮丁等果乾取代使用，也很好吃。

# 杏仁米香羅榭

最佳賞味期 **7** 天
（冷藏）

### 食材

| | |
|---|---|
| 苦甜巧克力 | 100g |
| 無鹽奶油 | 15g |
| 熟杏仁條 | 30g |
| 脆米香 | 30g |

### 步驟

1 融化的奶油與融化的巧克力一起拌合。

2 加入杏仁條、脆米香，攪拌至米香粒完全沾
  裹巧克力。

3 平盤上鋪好塑膠袋。

4 用湯匙挖取約 3～4g 剛才拌勻的巧克力米香。

5 放在塑膠袋上並盡量保持立體塊狀，不要
  鋪平。

6 冷藏 1 小時，即可取出食用。

**示範製作使用**
**法芙娜頂級產地巧克力 66% 加勒比**

加勒比純苦巧克力，採用生長在加勒比海地
區熱帶肥沃黏土層的 Trinitarios 可可樹種所製
成的頂級巧克力。濃郁的香氣中帶有果香的
甜味，品嘗時會散發出細微的杏仁風味與烘
焙過的咖啡香味。最後留下微酸和少許烘焙
過的乾果香和木香之餘韻。

呂老師
Note

熟杏仁條可以製作鹽味杏仁條（參閱第
15 頁）取代使用，風味會更佳喔。

# 咖啡米香羅榭

最佳賞味期 **7** 天
（冷藏）

---

### 食材

| | |
|---|---|
| 榛果巧克力 | 100g |
| 無鹽奶油 | 15g |
| 咖啡粉 | 3g |
| 脆米香 | 30g |

### 步驟

**1** 融化的奶油與融化的巧克力一起拌合。

**2** 加入咖啡粉攪拌均勻。

**3** 加入米香，攪拌至米香粒完全沾裹巧克力。

**4** 平盤上鋪好塑膠袋。

**5** 用湯匙挖取約 3 ～ 4g 拌勻的巧克力米香。

**6** 放在塑膠袋上並盡量保持立體塊狀，不要鋪平。

**7** 冷藏 1 小時，即可取出食用。

**示範製作使用**
**VALRHONA 阿澤麗雅榛果牛奶巧克力鈕釦 35%**

阿澤麗雅的誕生，源自於 VALRHONA 決定著手最偉大的經典嗜好之一：創造新的巧克力商品。VALRHONA 以可可和堅果創作了阿澤麗雅，並將味道和品質一起修飾至完美。巧克力的風味和烤過的榛果在口中優雅的融合，在味蕾上優美的互相輝映。

> **呂老師**
> **Note**
>
> 榛果巧克力可以用牛奶巧克力代替。

Part
8

# 巧克力薄脆餅

冰箱中隨時可以食用的美味巧克力薄餅。
免烤箱的簡易餅乾，宴會 & 餐後點心首選！
4 種食材組合，就能完美呈現巧克力的特色。

十分簡易又可以迅速完成，免烤箱的餅乾再製品，
不論是辦宴會、聚餐活動，或是做為餐後小點心，
都十分適合。使用的巧克力不需要調溫，只需要以
40 ～ 45℃融化巧克力，製作中溫度則維持在 28 ～
30℃。配方中的餅乾粉，除了可以購買現成市售品
之外，也可以把手邊吃剩的餅乾直接壓碎利用，重
新賦予多餘或吃膩的餅乾新生命。

**主要器具** ▶ 鋼盆、長刮刀。

# 蔓越莓白巧克力薄脆餅

最佳賞味期 **7** 天（冷藏）

---

◁ 食材 ▷

| | |
|---|---|
| 白巧克力 | 150g |
| 無鹽奶油 | 50g |
| 原味餅乾粉 | 200g |
| 蔓越莓乾 | 100g |

◁ 步驟 ▷

**1** 以 40 ～ 45℃ 融化巧克力後，溫度保持在 28 ～ 30℃。

**2** 融化奶油，溫度保持在 26 ～ 35℃。

**3** 鋼盆先加入融化好的奶油，再加入融化好的巧克力，以長刮刀拌勻。

**4** 加入餅乾粉、蔓越莓乾，用力邊壓邊拌，使其融合均勻。

**5** 將塑膠袋剪開放在烤盤後，放上麵糰。

**6** 用手輕輕將麵糰壓平、壓緊。

**7** 利用塑膠袋四邊的折疊，將麵糰的四邊整平。

**8** 麵糰以塑膠袋貼合成四方形。

**9** 利用平烤盤及擀麵棍，將麵糰用力壓緊實。

**10** 以擀麵棍將麵糰擀平為 0.8 ～ 1 公分厚。

**11** 冷藏 2 小時，取出隨意掰成片塊即可享用。

呂老師 Note

步驟 3 在拌勻奶油與巧克力時，如果發現凝固得很快，表示保溫不確實，溫度太低了，只需再隔水加熱一會兒，就可使其融化好操作。

# 堅果牛奶巧克力薄脆餅

最佳賞味期 **7** 天
（冷藏）

---

**食材**

| | |
|---|---|
| 牛奶巧克力 | 150g |
| 無鹽奶油 | 50g |
| 原味餅乾粉 | 200g |
| 熟核桃 | 100g |

**步驟**

1 以 40 ～ 45℃ 融化巧克力後，溫度保持在 28 ～ 30℃。

2 融化奶油，溫度保持在 26 ～ 35℃。

3 鋼盆先加入融化好的奶油，再加入融化好的巧克力，以長刮刀拌勻。

4 加入餅乾粉、核桃，用力邊壓邊拌，使其融合均勻。

5 將塑膠袋剪開放在烤盤後，放上麵糰。

6 用手輕輕將麵糰壓平、壓緊。

7 利用塑膠袋四邊的折疊，將麵糰的四邊整平。

8 麵糰以塑膠袋貼合成四方形。

9 利用平烤盤及擀麵棍，將麵糰用力壓密實。

10 擀麵棍將麵糰　平為 0.8~1 公分厚。

11 冷藏 2 小時，取出隨意掰成片塊即可享用。

呂老師 Note

家中如果有平烤盤，可用來輔助壓平麵糰，將麵糰壓得更加密實。

# 棉花糖
# 苦甜巧克力薄脆餅

最佳賞味期 **7 天**
（冷藏）

---

## 食材

| | |
|---|---|
| 苦甜巧克力 | 150g |
| 無鹽奶油 | 50g |
| 巧克力餅乾粉 | 200g |
| 棉花糖 | 50g |
| 棉花糖 | 適量 |

## 步驟

**1** 以 40 ～ 45℃ 融化巧克力後，溫度保持在 28 ～ 30℃。

**2** 融化奶油，溫度保持在 26 ～ 35℃。

**3** 鋼盆先加入融化好的奶油，再加入融化好的巧克力，以長刮刀拌勻。

**4** 加入餅乾粉、50g 棉花糖，用力邊壓邊拌，使其融合均勻。

**5** 將塑膠袋剪開放在烤盤後，放上麵糰。

**6** 塑膠袋四邊分別貼合。

**7** 隔著塑膠袋用手輕輕將麵糰攤平。

**8** 在麵糰上方灑上適量棉花糖。

**9** 以另一張塑膠袋覆蓋上麵糰，壓緊至約 0.8~1 公分厚。

**10** 冷藏 2 小時，取出隨意掰成片塊即可享用。

呂老師
Note

因為棉花糖吸水力不強，所以這種薄餅的麵糰會比其他薄餅的麵糰濕軟，也因此在壓平麵糰時隔著塑膠袋比較不會黏手。

# 榛果巧克力薄脆餅

最佳賞味期 **7** 天（冷藏）

### 食材

| | |
|---|---|
| 榛果巧克力 | 150g |
| 無鹽奶油 | 50g |
| 巧克力餅乾粉 | 200g |
| 熟花生 | 70g |
| 熟花生 | 適量 |

### 步驟

**1** 以 40 ～ 45℃ 融化巧克力後，溫度保持在 28 ～ 30℃。

**2** 融化奶油，溫度保持在 26 ～ 35℃。

**3** 鋼盆先加入融化好的奶油，再加入融化好的巧克力，以長刮刀拌勻。

**4** 加入餅乾粉、70g 熟花生，用力邊壓邊拌，使其融合均勻。

**5** 將塑膠袋剪開放在烤盤後，放上麵糰。

**6** 塑膠袋四邊分別貼合麵糰。

**7** 隔著塑膠袋用手輕輕將麵糰壓平、壓緊。

**8** 在麵糰上方灑上適量熟花生。

**9** 以另一張塑膠袋覆蓋上麵糰後，壓平至約 0.8 ～ 1 公分厚。

**10** 冷藏 2 小時，取出隨意掰成片塊即可享用。

呂老師
Note

榛果巧克力可用牛奶巧克力替代使用；花生可以用核桃或榛果等其他堅果取代。

# 蛋塔與鹹派

小朋友最喜歡的蛋塔、宴客最合適的鹹派
只需要運用現成塔皮及派皮，
4 種食材就能完成超人氣蛋塔及鹹派！

現成的塔皮及派皮，在一般超市大賣場、烘焙材
料行都能買到，再利用 4 個食材完成基本內餡，
添加上對味的配料食材，同學們就可以在家庭廚
房變化出各種口味的蛋塔及鹹派，不管是親友下
午茶或是舉辦宴會招待客人，都能讓大朋友、小
朋友開心！

**主要器具** ▶ 鋼盆、打蛋器、篩網、量杯。

# 港式傳統蛋塔

分量 **5** 個
最佳賞味期 **3** 天
（冷藏）

---

**食材**

| | |
|---|---|
| 雞蛋 | 75g |
| 細砂糖 | 50g |
| 水 | 75g |
| 白美娜濃縮鮮奶 | 100g |
| 現成塔皮杯 | 5 個 |

---

**步驟**

1 雞蛋、細砂糖以打蛋器攪拌均勻。

2 加入水、白美娜攪拌均勻。

3 靜置 15 分鐘後過篩，去除多餘濾泡及蛋黏膜。

4 倒入塔皮杯。

5 放入預熱好的烤箱，160℃ ・25 〜 30 分鐘。

呂老師
Note

利用現成的塔皮杯，就可以迅速完成的美味點心。

# 日式抹茶拿鐵蛋塔

分量 **5** 個
最佳賞味期 **3** 天
（冷藏）

## 食材

| | |
|---|---|
| 抹茶粉 | 4g |
| 細砂糖 | 50g |
| 雞蛋 | 50g |
| 鮮奶 | 100g |
| 鮮奶油 | 50g |
| 現成塔皮杯 | 5 個 |

## 步驟

1 抹茶粉、細砂糖一起混合均勻。

2 加入雞蛋，以打蛋器攪拌均勻。

3 加入鮮奶及鮮奶油，攪拌均勻。

4 靜置 15 分鐘後過篩，去除多餘濾泡及蛋黏膜。

5 倒入塔皮杯。

6 放入預熱好的烤箱，160℃ ・25 ～ 30 分鐘。

### 示範製作使用
**丸久小山園抹茶粉**

丸久小山園抹茶粉製於宇治市，是日本三大抹茶之首。小山園抹茶粉有不同等級之分，其中的「若竹」顏色翠綠，口感層次甘與澀均衡協調，清新雅緻，適合廣泛運用在烘焙甜點中。

**呂老師 Note**

抹茶粉必須先和糖先混合均勻，因為如果直接碰到液體會容易結塊。

# 法式香草布蕾蛋塔

分量 **4** 個
最佳賞味期 **3** 天
（冷藏）

---
食材
---

| | |
|---|---|
| 細砂糖 | 50g |
| 蛋黃 | 25g |
| 雞蛋 | 25g |
| 香草濃縮醬 | 1g |
| 鮮奶 | 50g |
| 鮮奶油 | 100g |
| 現成塔皮杯 | 4 個 |

---
步驟
---

1 細砂糖、蛋黃、雞蛋、香草濃縮醬一起以打蛋器攪拌均勻。

2 加入鮮奶與鮮奶油，攪拌均勻。

3 靜置 15 分鐘後過篩，去除多餘濾泡及蛋黏膜。

4 倒入塔皮杯。

5 放入預熱好的烤箱。160℃ ・25 ～ 30 分鐘。

# 葡式蛋塔

分量 **6** 個
最佳賞味期 **3** 天
（冷藏）

## 食材

| | |
|---|---|
| 蛋黃 | 40g |
| 細砂糖 | 40g |
| 白美娜濃縮鮮奶 | 100g |
| 動物性鮮奶油 | 100g |
| 現成派皮杯 | 6 個 |

## 步驟

1 蛋黃、細砂糖一起以打蛋器攪拌均勻。

2 加入白美娜、鮮奶油一起攪拌均勻。

3 靜置 15 分鐘後過篩，去除多餘濾泡及蛋黏膜。

4 倒入派皮杯。

5 放入預熱好的烤箱。220℃ ·25 ～ 30 分鐘。

# 🏳 抹茶巧克力蛋塔

分量 **7** 個
最佳賞味期 **3** 天
（冷藏）

**食材**

| | |
|---|---|
| 抹茶粉 | 4g |
| 細砂糖 | 40g |
| 蛋黃 | 40g |
| 白美娜濃縮鮮奶 | 100g |
| 動物性鮮奶油 | 100g |
| 榛果巧克力 | 7 塊 |
| 現成派皮杯 | 7 個 |

**步驟**

1 抹茶粉、細砂糖一起混合均勻。

2 加入蛋黃、白美娜、鮮奶油一起攪拌均勻。

3 靜置 15 分鐘後過篩，去除多餘濾泡及蛋黏膜。

4 派皮杯放入榛果巧克力再倒入蛋塔液。

5 放入預熱好的烤箱。220℃ ・25 ～ 30 分鐘。

**呂老師 Note**

步驟 2 務必將蛋黃、鮮奶、鮮奶油同時加入一起攪拌，因為如果只先加蛋黃就攪拌，會容易結塊。榛果巧克力可用其他任何巧克力替代。

# 卡布奇諾咖啡蛋塔

## 食材

| | |
|---|---|
| 咖啡粉 | 4g |
| 細砂糖 | 40g |
| 蛋黃 | 40g |
| 白美娜濃縮鮮奶 | 50g |
| 動物性鮮奶油 | 150g |
| 苦甜巧克力 | 適量 |
| 現成派皮杯 | 8 個 |

## 步驟

1 咖啡粉、細砂糖一起混合均勻。

2 加入蛋黃、白美娜、鮮奶油一起攪拌均勻。

3 靜置 15 分鐘後過篩，去除多餘濾泡及蛋黏膜。

4 派皮杯底放上苦甜巧克力再倒入蛋塔液。

5 放入預熱好的烤箱。220℃ ・25 ～ 30 分鐘。

呂老師
Note

即溶咖啡粉要先敲細碎後再使用；苦甜巧克力示範使用的是可可聯盟巧克力，單一限定產區，厄瓜多 56%。

# 特濃乳酪蛋塔

分量 **8** 個
最佳賞味期 **3** 天
（冷藏）

---

### 食材

| | |
|---|---|
| 蛋黃 | 40g |
| 細砂糖 | 40g |
| 動物性鮮奶油 | 200g |
| 現成派皮杯 | 8 個 |
| Cream cheese | 40g |
| 馬芝瑞拉乳酪（Mozzarella） | 24g |
| 帕馬森乳酪粉 | 適量 |

### 步驟

1 蛋黃、細砂糖一起以打蛋器攪拌均勻。

2 加入鮮奶油，攪拌均勻。

3 靜置 15 分鐘後過篩，去除多餘濾泡及蛋黏膜。

4 派皮杯放入 5g Cream cheese、3g 馬芝瑞拉乳酪。

5 倒入蛋塔液。上方灑帕馬森乳酪粉。

6 放入預熱好的烤箱。220℃・25 ～ 30 分鐘。

---

**呂老師 Note**

新鮮的馬芝瑞拉乳酪（Mozzarella）質地很有彈性而柔順，乳酪團顏色偏白，味道非常清淡溫和、香甜。

# 艾登乳酪鮪魚鹹派

分量 **8** 個
最佳賞味期 **3** 天
（冷藏）

## 食材

| | |
|---|---|
| 蛋黃 | 100g |
| 黑胡椒 | 2g |
| 帕馬森乳酪粉 | 10g |
| 鹽 | 2g |
| 動物性鮮奶油 | 200g |
| 現成派皮杯 | 8 個 |
| Cream cheese | 80g |
| 罐頭鮪魚（瀝油） | 40g |
| 艾登乳酪丁 | 適量 |
| 黑胡椒 | 適量 |

## 步驟

1 蛋黃、黑胡椒、乳酪粉、鹽、鮮奶油一起以打蛋器攪拌均勻。

2 裝入量杯。

3 派皮杯放入 10g Cream cheese、5g 瀝油後鮪魚。

4 蛋塔液倒入 8 分滿。

5 上方放艾登乳酪丁，灑適量黑胡椒。

6 放入預熱好的烤箱。220℃ ·25 ～ 30 分鐘。

### 呂老師 Note

產自荷蘭的艾登乳酪，切好的丁粒狀，融化速度會比較快，更易食材融合。

# 乳酪脆腸鹹派

分量 **10** 個
最佳賞味期 **2** 天
（冷藏）

## 食材

| | |
|---|---|
| 蛋黃 | 100g |
| 黑胡椒 | 2g |
| 鹽 | 2g |
| 動物性鮮奶油 | 200g |
| 現成派皮杯 | 10 個 |
| 脆腸（切丁） | 50g |
| 艾登乳酪丁 | 30g |
| 高融點乳酪 | 適量 |
| 帕馬森乳酪絲 | 適量 |

## 步驟

1 蛋黃、黑胡椒、鹽、鮮奶油一起以打蛋器攪拌均勻。

2 裝入量杯。

3 派皮杯放入 5g 切丁脆腸、3g 艾登乳酪丁、適量高融點乳酪。

4 蛋塔液倒入 8 分滿。

5 放上適量帕馬森乳酪絲。

6 放入預熱好的烤箱。220℃·25 ～ 30 分鐘。

**呂老師**
Note

帕馬森乳酪粉與帕馬森乳酪絲，差別在於粉狀比絲狀易融化，但使用絲則更有帕馬森乳酪的風味。

# 高達乳酪玉米鹹派

分量 **10** 個
最佳賞味期 **2** 天
（冷藏）

| | |
|---|---|
| 蛋黃 | 100g |
| 黑胡椒 | 2g |
| 鹽 | 2g |
| 動物性鮮奶油 | 200g |
| 現成派皮杯 | 10 個 |
| 玉米粒 | 100g |
| Cream cheese | 50g |
| 高達乳酪絲 | 適量 |

步驟

1 蛋黃、黑胡椒、鹽、鮮奶油一起以打蛋器攪拌均勻。

2 裝入量杯。

3 派皮杯放入 10g 玉米粒、5g Cream cheese。

4 蛋塔液倒入 8 分滿。

5 放上適量高達乳酪絲。

6 放入預熱好的烤箱。220℃ ‧25 ～ 30 分鐘。

呂老師
Note

高達乳酪 Gouda 原產於荷蘭，依熟成期、製作方式的不同，有著非常多樣化的種類，直接搭配紅酒食用，或作為配方食材搭配運用，都十分合適。

# 綜合乳酪鹹派

分量 **10** 個
最佳賞味期 **2** 天
（冷藏）

## 食材

| | |
|---|---|
| 蛋黃 | 100g |
| 黑胡椒 | 2g |
| 鹽 | 2g |
| 動物性鮮奶油 | 200g |
| 現成派皮杯 | 10 個 |
| 煙燻乳酪（切丁） | 適量 |
| 高融點乳酪（切丁） | 適量 |
| 艾登乳酪碎粒 | 適量 |
| 帕馬森乳酪粉 | 適量 |

## 步驟

1 蛋黃、黑胡椒、鹽、鮮奶油一起以打蛋器攪拌均勻。

2 裝入量杯。

3 派皮杯放入適量的切丁煙燻乳酪、高融點乳酪、艾登乳酪碎粒。

4 蛋塔液倒入 8 分滿。

5 上方灑適量帕馬森乳酪粉。

6 放入預熱好的烤箱。220℃ ・25 ～ 30 分鐘。

呂老師
Note

步驟 5 在蛋塔液上方灑乳酪粉時，灑在正中間就好不要覆蓋全部，上色才會有層次感，比較好看。

# Vanessa's bakery

手作餅乾除了追求食材風味，還可以強調手工的精
細，追求一下美麗裝飾或可愛造形，老師特別邀請
了繪畫設計出身，愛上烘焙的 Vanessa，為同學們
示範教學「糖霜餅乾」的基本技巧。

**主要器具** ▶ 鋼盆、長刮刀、擀麵棍、孔洞烤盤、矽
膠墊、乾燥機。

# 糖霜餅乾

## 食材

| | | | |
|---|---|---|---|
| 無鹽奶油 | 100g | 香草濃縮醬 | 1g |
| 細砂糖 | 70g | 鹽 | 2g |
| 低筋麵粉 | 120g | 低筋麵粉 | 120g |
| 雞蛋 | 55g | | |

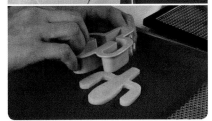

## 步驟

1 軟化的奶油、細砂糖,以長刮刀攪拌均勻。

2 加入第一份過篩麵粉,攪拌均勻。

3 加入蛋、香草濃縮醬、鹽,攪拌至吸收均勻。

4 加入第二份過篩麵粉,攪拌均勻。

5 烘焙紙鋪平,放上麵糰,上方再覆蓋一張烘焙紙。

6 以擀麵棍將麵糰壓平成厚度約 0.4 公分。

7 冷凍 30 分鐘後取出,去除表紙。

8 利用模具壓出造形。

9 使用孔洞烤盤,放上矽膠墊,擺上造形麵糰,再覆蓋上另一片矽膠墊。

10 放入預熱好的烤箱,170℃ ‧20 ～ 25 分鐘。

11 若使用一般烤盤,烤溫調整為 160℃,依烤箱狀況增加烘烤時間。

12 餅乾出爐後放涼。

13 以糖霜上色。（詳細教學請見 P.162）

14 畫好一層後,放入食品乾燥機烘乾。

15 烘乾至手觸碰表面不會留下指紋,才能再畫下一層。

## ⚑ 糖霜基底

**食材**

| | |
|---|---|
| 蛋白粉 | 15g |
| 純糖粉 | 225g |
| 溫水 | 45g |

**步驟**

1 蛋白粉、純糖粉過篩後加入 30g 溫開水。

2 用長刮刀拌勻。

3 加入 15g 水調整軟硬度，狀態要濃稠不要稀。

4 封保鮮膜備用。

## ⚑ 糖霜上色：白底

**步驟**

1 完成糖霜基底，加入一點點 38 ～ 40℃溫開水慢慢調稀至略有流性。

2 裝入三明治袋，前端剪小口。

3 在烤好的造形餅乾上先描出輪廓線。

4 再填滿中間。

5 以竹籤尖端將糖霜撥平、填空隙及挑去氣泡。

6 拿起餅乾輕晃，讓糖霜均勻鋪平。

7 放入乾燥機烘乾後，才能再畫上新的一層。

## 🚩 糖霜上色：樹

1 完成糖霜基底，加入一點點 38 ～ 40℃溫開水，慢慢調稀至略有流性。
2 用竹籤尖端取色膏使用，一次加一點點，慢慢調整到想要的顏色。

3 調色完成後，裝入三明治袋，前端剪小口。
4 在烤好的造形餅乾上先描出輪廓線，再填滿中間。
5 以竹籤尖端將糖霜撥平、填空隙及挑去氣泡。

6 拿起餅乾輕晃，讓糖霜均勻鋪平。
7 趁未乾前邊緣灑上白色糖珠，放上造形糖珠裝飾。
8 將分別上好糖霜的大中小餅乾相疊就能成為樹。

---

## 🚩 糖霜上色：仙人掌

步驟

1 完成糖霜基底，加入一點點 38 ～ 40℃溫開水，慢慢調稀至略有流性。
2 用竹籤尖端沾取少許色膏，一次加一點點，慢慢調整到想要的顏色。
3 調色完成後，裝入三明治袋，前端剪小口。
4 在烤好的造形餅乾上先描出輪廓線，再填滿中間。

未乾（亮面）　已乾（霧面）

5 以竹籤尖端將糖霜撥平、填空隙及挑去氣泡。
6 拿起餅乾輕晃，讓糖霜均勻鋪平。

7 放入乾燥機烘乾，乾燥後會變霧面。
8 調好淺綠色糖霜，畫出刺的線條。

## 呂昇達
# 甜點職人必備的手工餅乾教科書

作　　　者／呂昇達
攝　　　影／黃威博
美術編輯／申朗
餐具協助／昆庭國際有限公司（米其林主廚愛用餐具）
烘焙助理／呂昀餇、李宜玹、許家綺、
　　　　　　陳品妤、陳炳圻、陳聖雯

總　編　輯／賈俊國
副總編輯／蘇士尹
編　　　輯／高懿萩
行銷企畫／張莉滎 · 廖可筠 · 蕭羽猜

發　行　人／何飛鵬
法律顧問／元禾法律事務所王子文律師
出　　　版／布克文化出版事業部
　　　　　　台北市中山區民生東路二段 141 號 8 樓
　　　　　　電話：(02)2500-7008　傳真：(02)2502-7676
　　　　　　Email：sbooker.service@cite.com.tw
發　　　行／英屬蓋曼群島商家庭傳媒股份有限公司城邦分公司
　　　　　　台北市中山區民生東路二段 141 號 2 樓
　　　　　　書虫客服服務專線：(02)2500-7718；2500-7719
　　　　　　24 小時傳真專線：(02)2500-1990；2500-1991
　　　　　　劃撥帳號：19863813；戶名：書虫股份有限公司
　　　　　　讀者服務信箱：service@readingclub.com.tw
香港發行所／城邦（香港）出版集團有限公司
　　　　　　香港灣仔駱克道 193 號東超商業中心 1 樓
　　　　　　電話：+852-2508-6231　傳真：+852-2578-9337
　　　　　　Email：hkcite@biznetvigator.com
馬新發行所／城邦（馬新）出版集團 Cité (M) Sdn. Bhd.
　　　　　　41, Jalan Radin Anum, Bandar Baru Sri Petaling,
　　　　　　57000 Kuala Lumpur, Malaysia
　　　　　　電話：+603- 9057-8822　傳真：+603- 9057-6622
　　　　　　Email：cite@cite.com.my
印　　　刷／韋懋實業有限公司
初　　　版／2019 年（民 108）7 月　　　初版 9 刷／2023 年（民 112）12 月
售　　　價／450 元
Ｉ Ｓ Ｂ Ｎ／978-957-9699-42-6

城邦讀書花園　布克文化
www.cite.com.tw　WWW.SBOOKER.COM.TW

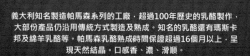